# 变电所自动化系统调试及维护分析

丛培杰　著

哈尔滨工业大学出版社
HARBIN INSTITUTE OF TECHNOLOGY PRESS

## 内 容 简 介

目前,我国电力系统的发展极为迅速,以三峡电站为代表的一大批水、火电厂相继投产运行,核电工业也由初期的试点运行逐步走向成熟和国产化,输变电的容量及电压等级正在不断提升。本书系统地阐述了变电所综合自动化系统的基本概述,变电所综合自动化的调试及维护等。本书在撰写过程中本着科学性、先进性、通俗性、适用性、可操作性的原则,讲述了变电所自动化系统调试及维护的运用技术。

**图书在版编目（CIP）数据**

变电所自动化系统调试及维护分析／丛培杰著．—
哈尔滨：哈尔滨工业大学出版社，2023.5
ISBN 978-7-5767-0871-4

Ⅰ.①变… Ⅱ.①丛… Ⅲ.①变电所－自动化－调试
②变电所－自动化－维修 Ⅳ.①TM63

中国国家版本馆 CIP 数据核字（2023）第 110420 号

策划编辑 常 雨
责任编辑 王会丽 周轩毅
装帧设计 博鑫设计
出版发行 哈尔滨工业大学出版社
社 址 哈尔滨市南岗区复华四道街 10 号 邮编 150006
传 真 0451－86414749
网 址 http://hitpress.hit.edu.cn
印 刷 哈尔滨市颉升高印刷有限公司
开 本 787 mm×1 092 mm 1/16 印张 11.5 字数 223 千字
版 次 2023 年 5 月第 1 版 2023 年 5 月第 1 次印刷
书 号 ISBN 978-7-5767-0871-4
定 价 78.00 元

# 前　　言

变电所是电能传输和电能分配不可缺少的重要部分。在现代大型电力系统中，从发电厂发电到用电单位用电，其间要经过大大小小各种变电所，以完成改变电压等级、接受和分配电能的任务。变电所的安全和经济运行直接影响到国计民生。随着国民经济的持续发展，电网规模不断扩大，满足各类用户的供电需求是电网运营的主要任务之一。为此，电网建设与改造必须依靠科技进步，变电所自动化技术是电网建设与改造中现代化管理的重要手段，是电网建设与改造的基础和重点。

我国对电力系统自动化的研究、开发和应用始于 20 世纪 80 年代中后期，90 年代逐渐形成高潮，目前已发展成一个相对独立的技术领域。电力系统自动化涉及多个专业，涉及包括变电检修、运行、调度在内的各个部门，还广泛涉及规划、设计、标准化、质检等综合复杂的系统工程，是现代科技管理在电力企业中的综合应用。电网变电所自动化系统是微计算机技术、数字信号处理技术、大规模集成电路技术和通信技术等高科技在变电所的集中应用，是对传统的变电所二次系统的一场重大变革，而且这场变革将随着上述各种高科技的不断发展继续深入。变电所自动化技术对许多工作在电力一线的生产技术人员来说仍是一件新生事物，本书将使更多人了解目前变电所自动化系统的有关技术和原理，了解变电所自动化系统的优越性，以便进一步促进电网变电所自动化系统的建设，促进电网的安全、稳定、经济运行。

本书按教育认知规律，以注重学生职业能力的培养为目标并基于作者的工作总结撰写而成。书中以真实的变电所综合自动化系统为例，按照现场真实的工作过程归纳总结出典型工作任务作为学习子情景，按职业成长规律精心编排，并将行业新规范、新工艺、新标准和新的教学方法融入其中。以教学任务为驱动，引导文为导向，图文并茂的相关知识为支撑，小组讨论、教师引导为保障，更具针对性和实用性，情景再现了生产现场的典型工作任务。

由于变电所综合自动化系统的新技术与新工艺随着计算机与通信技术的发展不断更新，因此希望有更多的同学结合变电所运行的实际，不断总结新经验，逐

1

步完善变电所自动化系统技术,为使中国电网向国际一流迈进而坚持不懈地努力。

　　本书浅显易懂,适合各类技术人员阅读。由于作者水平有限,书中难免有疏漏及不足之处,恳请专家和读者批评指正。

作　者

2023 年 3 月

# 目　　录

# 第一章 概 述

变电所是电能传输和电能分配中不可缺少的重要部分。在现代大型电力系统中,从发电厂发电到用电单位用电,其间要经过大大小小各种变电所,以完成改变电压等级、接受和分配电能的任务。

## 第一节 电力系统运行的要求

### 一、电能生产的特点

电力系统是由电能的生产、输送、分配、电力系统运行消耗等环节构成的整体,与其他的工业系统相比,电力系统的运行具有如下特点:

（1）电能不能大量存储。电能的生产、输送、分配和消耗实际上是同时进行的,电力系统中的任何时刻,各发电厂发出的功率都必须等于该时刻各用电设备所需的功率与输送、分配各环节中损耗功率之和,因而对电能生产的协调和管理提出了很高的要求。

（2）电磁过程的快速性。电力系统中任何一处运行状态的改变或故障,都会迅速影响到整个电力系统,仅依靠手动操作无法保证电力系统的正常、稳定运行,所以电力系统的运行必须依靠信息就地处理的继电保护和自动装置,以及信息全局处理的调度自动化系统。

（3）与国民经济的各部门、人民的日常生活等有着密切联系。供电突然中断会造成严重的后果。

### 二、电力系统运行的基本要求

电力系统运行的基本要求如下:
（1）保证安全可靠的供电。
（2）要有合乎要求的电能质量。
（3）要有良好的经济性。

要实现这些基本要求,除了应提高电力设备的可靠性水平、配备足够的备用容量、提高运行人员的素质、采用继电保护和自动装置外,还有一个极为重要的方法,即采用电网调度自动化系统。

### 三、电力系统的运行状态及其相互间的转变关系

电力系统调度控制的内容与电力系统的运行状态是紧密联系在一起的,电力系统的运行状态如图1-1所示。

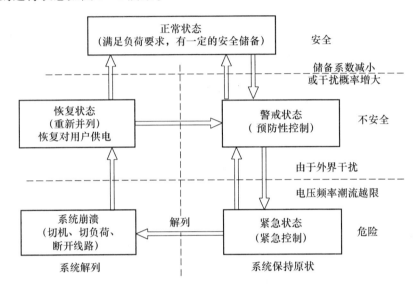

图1-1　电力系统的运行状态

### (一)正常运行状态

在正常运行状态下,需要电力系统总的有功、无功出力与负荷总的有功、无功需求达到平衡;电力系统的频率和各母线电压均在正常运行的允许范围内;各电源设备和输变电设备均在规定的额定范围内运行,系统内的发电和输变电设备均有足够的备用容量。此时,系统不仅能以电压和频率质量均合格的电能满足负荷用电的需求,而且还具有适当的安全储备,能承受正常的干扰(如断开一条线路或停止一台发电机)而不致造成严重后果(如设备过载等)。在正常的干扰下,系统能达到一个新的正常运行状态。电网调度中心的任务就是尽量使系统维持在正常运行状态。

在正常运行状态下,电力系统的负荷每时每刻都在变化。运行的主要任务是使发电机的出力和负荷的需求相适应,以保证电能的频率、质量;同时,还应在保证安全的前提下,实现电力系统的经济运行。

### (二)警戒状态

电力系统受到灾难性干扰的概率小,多数情况是在正常状态下一系列小干扰

的积累,使得电力系统的安全水平逐渐降低,以致进入警戒状态。

在警戒状态下,虽然电压、频率等都在容许范围内,但系统的安全储备系数大大减少了,对于外界干扰的抵抗能力被削弱了。当发生一些不可预测的干扰或负荷增长到一定程度时,就可导致使电压频率的偏差超过容许范围,某些设备发生过载,使系统的安全运行受到威胁。

电网调度自动化系统要随时监测系统的运行情况,并通过静态安全分析、暂态安全分析等应用软件对系统的安全水平做出评价,当发现系统处于警戒状态时,及时向调度人员做出报告,调度人员应及时采取预防性控制措施,如增加和调整发电机出力、调整负荷、改变运行方式等,使系统尽快恢复到正常状态。

### (三)紧急状态

若系统处于警戒状态,调度人员没有及时采取有效的预防性措施,那么一旦发生一个足够严重的干扰(如发生短路故障或一台大容量机组退出运行等),系统就要从警戒状态进入紧急状态,这时可能有某些线路的潮流或系统中的其他元件的负荷超过极限值,系统的电压或频率超过或低于允许值。

这时,电网调度自动化系统就担负着特别重要的任务,它向调度人员发出一系列告警信号,调度人员根据阴极射线显像管(CRT 显示器)或模拟屏的显示,掌握系统的全局运行状态,以便及时采取正确且有效的紧急控制措施,则仍可能使系统恢复到警戒状态或正常运行状态。

### (四)系统崩溃

在紧急状态下,如果不及时采取适当的控制措施、措施不够有效或干扰及其产生的连锁反应十分严重,则系统可能失去稳定,并解列成几个系统。此时,因出力和负荷不平衡,不得不大量地切除负荷及发电机,从而导致系统的崩溃。

系统崩溃后,要尽量利用调度自动化系统提供的方法,了解崩溃后的系统状况,采用各种措施,使已崩溃的电网逐步恢复。

### (五)恢复状态

系统崩溃后,整个电力系统可能已解列为几个小系统,并且造成许多用户大面积停电和许多发电机紧急停机。此时,要采用各种恢复出力和送电能力的措施,逐步对用户恢复供电,使解列的小系统逐步并列运行,令电力系统恢复到正常运行状态或警戒状态。

在这个过程中,调度自动化系统也是调度员恢复电力系统运行的重要方法。

从以上讨论的电力系统的运行状态来看,在电力系统发生故障等大干扰的情况下,需要依靠继电保护等的快速反应,及时切除故障线路,按频率自动减负荷装置等。这些都是维持电力系统稳定运行必不可少的方法。但从现代电力系统的发展来看,仅仅依靠这些方法不能保证电力系统的安全、优质、经济运行,因为这些装置往往都是从局部处理电力系统的故障的,而不能从全局预测、分析系统的运行情况和处理系统中出现的情况,所以调度自动化系统有着它独特的、不可替代的作用。因而继电保护、安全自动装置、安全稳定控制系统、电网调度自动化系统和电力专用通信网系统等现代化技术方法,成了保证电力系统安全、优质、经济运行的五大支柱,是现代电网运行的必要方法。

## 四、电力系统、自动化系统的作用及电力系统的分层控制

### (一)电力自动化系统在电力系统中的作用

电网系统运行的可靠性及供应电能的质量与其自动化系统的水平有着密切联系。电力系统的自动化系统由两个系统构成:信息就地处理自动化系统和信息集中处理自动化系统。

信息就地处理自动化系统的特点是能对电力系统的情况做出快速的反应,如高压输电线上发生短路故障时,要求继电保护在 20 ms 左右动作,以便快速切除故障;而在电力系统正常运行时,同步发电机的励磁自动控制系统可以保证系统的电压质量和无功出力的分配,在故障时可以提高系统的稳定水平。有功功率自动调节装置能跟踪系统负荷的随机波动,保证电能的频率质量,按频率自动减负荷装置能在系统事故情况、电力系统出现严重的有功缺额时,快速切除一些较为次要的负荷,以免造成系统的频率崩溃。以上这些信息就地处理装置,重要的优点是能对系统中的情况做出快速反应,尤其在电力系统发生故障时,其作用更为明显;但由于其获得的信息有局限性,因而不能从全局的角度来处理问题。例如,通过自动频率调节,虽然可以跟踪负荷的变化,但总还存在与额定频率的偏差,更不能实现出力的经济分配。另外,信息就地处理自动化系统只能"事后"处理出现的事件,而不能"事先"对系统的安全性做出评价,因而有局限性。

信息集中处理自动化系统(即电网调度自动化系统)可以通过设置在各发电厂和变电所的远动终端(RTU)采集电网运行的实时信息,通过信道传输到主站,主站根据全网的信息,对电网的运行状态进行安全性分析、负荷预测,以及自动发电控制、经济调度等控制。系统发生故障、继电保护动作切除故障线路后,调度自动化系统便可将继电保护的断路器的状态采集后送到调度员的监视器屏幕和调度模拟屏显示器上。调度员在掌握这些信息后可以知道故障的情况和原因,并采取相应的措施,使电网恢复正常供电。但是由于信息的采集、传输需要一定的时间,所以不可能以信息集中处理系统作为切除故障的方法。

信息就地处理自动化系统和信息集中处理自动化系统各有其特点,不能互相

替代;但以往这两个系统往往互相独立,联系较少。随着微机保护、变电所综合自动化等技术的发展,两个信息处理系统之间互相融合;更重要的是,这些微机装置尽管功能不同,但硬件大同小异,且所采集的量和所控制的对象有许多是相同的。如何打破原来的二次设备框架,从变电所的全局出发,着手研究全微机化的变电所二次部分的优化设计,这就是变电所自动化的由来。

### (二)电力系统的分层控制

电能生产、输送、分配和消耗是在一个电力系统中进行的。我国目前已建成五大电网(华北、东北、华东、华中、西北)及一些省网,并且在大电网之间通过联络线进行能量交换。另外按照各省、市经济体制的规定,电力系统的运行管理本身是分层次的,各大区电管局,各省电力局,各市、县供电局均有其管辖范围,它的出力和负荷的分配受上一级的电力部门管理,同时又要管理下一级的电力部门,以保证电能生产、消耗之间的平衡。

我国电网的调度管理分五层:国家调度控制中心(国调)、大区电网调度控制中心(网调)、省电网调度控制中心(省调)、市电网调度控制中心(地调)和县电网调度控制中心(县调)。电网分层控制示意图如图 1 - 2 所示。

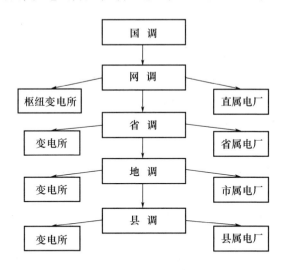

**图 1 - 2　电网分层控制示意图**

在各级电网调度管理实行分层控制,因而其相应的调度自动化必须与之相适应,信息分层采集、逐级传送,命令也按层次逐级下达。为了保证电力系统的可靠运行,对各级调度的职责都进行了规定。与集中控制方式相比,分层控制的优点是:

(1)从电力系统调度控制的视角来看,信息可以分层采集,从而把一些必要的信息转发给上一级的调度。例如,地区调度可以采集本地区的负荷和出力,并把地区负荷和出力加起来后送上一级调度,而对出力和负荷的控制是同样的,上一级调度只向下一级调度发出出力和负荷的总指标,由下一级调度进行控制。这样做既减轻了上一级调度的负担,又加速了控制过程,同时还减少了不必要的信息流量。

(2)在分层控制的电力系统中,局部的电力系统控制系统停止工作也不会影响整个电力系统其他部分的运行,并且各分层间可以部分地互为备用,从而提高电力系统运行的可靠性。在电力系统中,即使在紧急情况下部分电网与系统解列,也可以分别独立运行,因为局部地区也有相应的调度自动化系统,可实现对电网的监控。

(3)实现分层控制以后,可以大大降低信息流量,减少了对通信系统的投资。同样,分层以后减轻了计算机的负荷,投资也相应减少。

总之,分层控制不仅是可能的,而且是必要的。采用分层控制后,可以使电力系统的监测和控制更可靠、更有效。

# 第二节　电网与变电所自动化的发展

## 一、电网自动化技术的发展过程

从常规变电所向无人值班变电所的转变是生产发展的需要,世界科学技术的迅速发展使得无人值班变电所成为可能。从 20 世纪 60 年代开始,世界自动化控制技术的发展经历了三个阶段。

①从 20 世纪 50 年代到 60 年代中期是以古典控制理论为基础、以模拟控制为主的第一阶段。调节回路输入信号与设定值比较后经比例积分微分(PID)调节、放大后去控制受控对象,同时向输入网络发出反馈信号进行校正,实现闭环控制。电力系统中的电压自动调整(AVR)和调相设备的调节多数采用这种反馈式模拟调节系统。

②从 20 世纪 60 年代中期到 80 年代初期,控制技术进入现代控制理论为基础的第二阶段。这个阶段的特点是电子计算机技术、通信技术和控制技术有了迅速发展,开发了协控、程控、集控等具有对多回路同时调节功能的计算机系统,在调度自动化方面,日本、美国等国家开始采用了计算机进行电网数据采集和监控,同时开始在变电所采用远动作为自动化的终端。数控技术的发展使得控制的精确性、控制的速度和质量有了提高,但是多回路集中控制虽然采用了冗余技术,但由于风险过于集中,因此可靠性得不到保证。

③20 世纪 80 年代以来,控制技术进入了第三阶段——大系统智能控制阶段。

这一阶段的特点是面对庞大系统的控制,提出全系统最优化指标,再采用任务分解的办法由分散的小系统去优化、完成分配给它的具体指标。这个时期微型机出现,以微型机和小型机(或个人计算机)为主组成的分布式控制系统(DCS)运算速度快、可靠性高、价格合理,适应了大系统调节需要。在电网自动化方面,调度端的能量管理系统(EMS)、配电管理系统(DMS)功能已从电网监控(SCADA)扩大到自动发电控制、经济调度控制(AGC/EDC)、静态安全分析(SSA)、暂态安全分析(DSA)、配电网的地图图像系统(GIS)、需方用电管理(DSM)及调度员培训模拟(DTS)等方面。变电所的远动及其当地功能包括运行设备的数据采集、四遥、监控、电能计量、保护、故障录波、测距、谐波分析、低频减载等功能。

这些新型的电网监控系统,集中了分布于各处的数据采集、计算机、传输网络形成的庞大自动化系统,与发电厂自动化系统配合能完成电力系统复杂、安全、经济的发、供电任务,反映了第三阶段自动化控制技术的精髓。

我国电网自动化工作开始于20世纪60年代初期,1959年郑州电业局采用RTU了解变电所的运行参数、开关变位情况,并实现调度对变电所的遥控。后因为一些干扰,自动化处于休止状态。20世纪70年代后期,科技工作受到重视,国产远动装置问世,各地也开始安装使用。初期产品属半导体晶体管型,元件质量不过关,故障较多,除少数电业局坚持使用外多半停止了使用;调度端计算机系统故障更多,可用率低,接收的信息多在模拟屏上显示。20世纪80年代中期,个人计算机(PC机)出现,PDP、VAX等控制性能良好的计算机开发应用,调度端SCA-DA开始进入实用阶段。在水电部第三次计算机应用大会上,电网调度自动化被列为计算机应用重点,这时国内超高压电网已经形成,配合50万V超高压输电引进的一批SCADA、RTU自动化设施也已取得运行经验,国际上随着计算机、通信、控制技术的发展,放宽了对我国高新技术出口的限制,迎合了我国改革开放的需要。以此为契机,我国电力系统自动化快速发展,四大网引进了国外先进的SCA-DA和RTU设备,开发了先进的软件,自动化登上了新台阶。水电部接着提出了全国50个地调要在1990年实现计算机监控达标验收的目标。在这一进程中,自动化资金的筹集和领导的重视十分关键,一些经济发展快、实力强、领导又重视的电业部门,注意到调度SCADA和变电所RTU同步发展,无人值班变电所改造的进度加快,地调SCADA实用化验收迅速而可靠。但是多数地方往往先集中财力进行省、地调SCADA,无暇顾及变电所自动化,以致基础不稳固,给省、地调自动化,实用化验收造成很多困难,回过头来再完善RTU和变电所无人值班化已到20世纪90年代了。从全局来看,20世纪90年代是电网自动化发展得最快的时期:各局资金投向开始向自动化倾斜;新建无人值班变电所数量增加;计算机性能提高,开发应用成熟,价格下降;通信技术取得瞩目成就;电力部及所属安全生产司、调度通信中心、规划设计总院对无人值班变电所工作的领导和规范化;这些有利条件,使得无人值班变电所的发展形势一片大好。

## 二、变电所自动化及其发展过程

### (一)变电所的自动装置采用分列元件阶段

为了保证电力系统的正常运行,研究单位和制造厂家长期以来陆续生产出具有各种功能的自动装置,如自动重合闸装置、低频减载装置、备用电源自投装置和各种继电保护装置等,电力部门可根据需要分别选择配置。20世纪70年代以前,这些自动装置主要采用模拟电路,由晶体管分列元件组成,在提高变电所自动化水平、保证系统的安全运行方面起到了一定的作用。但这些自动装置互相独立运行,互不相干,而且缺乏智能,没有故障自诊断能力,在运行中若自身出现故障,不能提供告警信息,有的甚至会影响电网运行的安全。同时,分列元件的装置可靠性不高,经常需要维修,体积大,不利于减少变电所的占地面积,因此需要性能更高的装置代替。

### (二)微处理器为核心的智能自动装置

1971年,世界上第一片微处理器在美国Intel公司问世。接着许多厂家都纷纷开始研制微处理器,逐步形成了以Intel公司、Motorola公司、Zilog公司为代表的三大系列微处理器产品。由于微处理器具有集成度高、体积小、性能价格比高等优势,因此迅速进入各个技术领域,为计算机应用的普及和推广提供了可能性;另一方面,工农业生产和科学技术发展的需求反过来又促进微处理器技术的迅速发展,20世纪70年代的10年中便更新了三代。20多年来,几乎每两年微处理器的集成度便翻一番,每2~4年便更新换代一次,现已进入第六代微处理器时代。

20世纪80年代,随着我国改革开放,微处理器技术开始引入,吸引了许多电力行业的科技工作者,并把注意力放在了如何将大规模集成电路技术和微处理器技术应用于电力系统的各个领域上。在变电所自动化方面,首先将原来由晶体管等分列元件组成的自动装置,逐用大规模集成电路或微处理器代替,由于采用了数字式电路,统一数字信号电平,缩小了体积,显示出了优越性。特别是由微处理器构成的自动装置,利用微处理器的智能和计算能力,可以应用和发展新的算法,提高测量的精度和控制的可靠性,扩展新的功能,尤其是装置本身的故障自诊断能力,对提高自动装置自身的可靠性和缩短维修时间是很有意义的。

这些微处理器的自动装置,虽然提高了变电所自动控制的能力和可靠性,但在20世纪80年代,多数还是维持原有的功能和逻辑关系的框架,只是组成的硬件结构由微处理器及其接口电路代替,并扩展了一些简单的功能,多数仍然是独立运行的,不能互相通信、共享资源,实际上形成了变电所中多个自动化孤岛,仍然解决不了前述变电所设计和运行中的所有问题。随着数字技术和微机技术的发展,有学者对变电所内各自动化孤岛问题进行了研究,因此变电所自动化是科学技术发展和变电所自动控制技术发展的必然结果。

### (三)国内变电所自动化技术现状及其发展趋势

国内变电所自动化工作始于 20 世纪 50 年代,若不把变电所电气设备及送电线路的保护装备列入传统的变电所自动化工作中,则当时的变电所自动化装备主要指以下两方面:一是针对线路(架空线路与电缆线路)的自动重合闸装置;二是备用电源自动合闸装置。这两种自动化装置当时已趋于成熟,是利用有触点继电器来实现的。除此以外,在 20 世纪 50 年代后期,引进了巡回检测及远动技术,在一些变电所安装并试运行。但由于国产设备技术与工艺的不成熟,而且巡回检测及远动技术是一个系统工程性的技术,不像自动重合闸与备用电源自动投入装置那样基本是整体(单个)装置性质的,所以在其他技术不够成熟或可用率不高的情况下(如采样技术、通信技术、主站端的自动化技术等),投运效果很难达到实用化要求。在 20 世纪六七十年代,除了自动重合闸及备用电源自动合闸的自动化技术在变电所继续使用外,其他自动化技术在应用中鲜有出现。

随着党的改革开放和引进外国先进技术与装备政策的实施,在变电所自动化技术范围内的技术(信息采样技术、遥控技术、通信技术、计算机技术及信息网络技术等)的效果越来越显著,为我国变电所自动化技术的发展开辟了宽广的道路,下面分别进行叙述。

(1)变电所自动化的信息采样技术。

变电所自动化的核心是信息的采样与处理。变电所采集的信息主要是通过各类变送器取得各种电量及非电量的遥测信息以及断路器的分、合状态信息等。对于数值量的交流采样技术,从 20 世纪 80 年代末开始主要在县级供电局范畴内的变电所应用,它不通过变送器对电量进行采样,而是直接在远动装置中利用交流采样技术进行电量采集。交流采样技术有广阔的应用前景。首先,它可取消变送器,这可节省约 40% 的对变电所采样与远动的投资;其次,它更有利于在变电所自动化技术及继电保护技术中保证电量的采样源统一,为进一步提高自动化应用水平创造条件。

(2)变电所自动化的遥控技术。

一般来说,无人值班变电所应具备遥控技术。当前少数变电所无遥控功能也采用无人值班运行管理体制,这是当时当地对供电可靠性要求较低及受到经济条件等的限制而采取的变通的办法。

(3)变电所自动化。

变电所自动化是变电所总体发展过程中的一个新的技术模式,国际上对此尚无一个统一的定义。一般认为,它是指变电所的继电保护、远动、监控系统等利用计算机及网络技术进行综合并优化设计的自动化系统。国内在实施变电所自动化上存在着两种不同的思路与方式。两者的共同点是都要在变电所中设立一个监控计算机系统(可称为主站),在一次设备单元(如变压器、线路等)设立子站。两者的不同点主要体现在子站功能上,一个是在子站把本设备单元的电气量(电压、电流、有功功率或无功功率等数值量)及各种状态量数据作为唯一的信息源由继电保护、测量、监控系统使用,亦即一个设备单元组织一个子站,把本单元的测量、保护、控制功能集成其中,用于变电所主站通信;另一个是设备单元为继电保护及测量、监控提供各自独立的信息源,各自站内通道把信息送往主站的相应工作站,而后由主站的监控系统上级调度所或集控站进行通信。

(4)变电所电气设备状态在线监测装置。

变电所电气设备的损坏基本有两种情况:一是受外力的突然冲击,如短路电流对电气设备动稳定与热稳定的破坏、过电压使绝缘击穿等;二是在长期带电运行条件下,受电、热及周围大气环境的影响,使电气设备的带电导体及绝缘的腐蚀老化,随着时间的推移,从量变到质变形成电气设备的故障,如绝缘老化、油质下降、变压器铁芯螺丝松动、绝缘局部放电、母线接头温度非正常升高等。这些现象在变电所有人值班时,主要由电气值班人员在巡视过程中通过看、听、闻等方式进行了解与判断,但有时由于人员素质及经验的限制,漏检在所难免;而在无人值班体制下,则要通过固定的在线检测装置和定时巡检来确定有无异常状况。

### (四)国外变电所自动化技术现状及其发展趋势

国外变电所自动化技术及无人值班变电所运行模式起步较早,发展较快。它伴随着远动技术的发展,又促进了变电所自动化技术的发展,直到当前比较流行的变电所自动化,大体上经历了远动、远动与本地功能相结合的监控系统,以及当前的自动化三个阶段。

国外以远动为基础的无人值班变电所,始于20世纪50年代开展的有触点遥信和频率式遥测的远动技术,到70年代就已经很普及了。这种以远动为基础的无人值班变电所运行模式反过来又推动了变电所自动化技术的发展,相辅相成,互相促进。20世纪80年代以后,随着计算机技术的进步,这种发展越来越快,迅速进入了远动与本地功能相结合的新阶段。这个阶段的特点是,无论是传统的布线逻辑的远动装置,还是上述变电所内的布线逻辑自动恢复装置,都先后引入了计算机技术,实现了无人值班变电所中远动和本地自动装置的计算机化。

早期的变电所计算机监控系统并不包括传统的继电保护、自动重合闸、故障录波等,随着电子技术的进步,变电所内各种自动化功能做综合考虑并进行优化组合成为可能,这就是广泛应用于无人值班变电所的变电所自动化技术。

20 世纪 80 年代末 90 年代初,数字信号处理(Digital Signal Processing,DSP)技术的应用推动了免变送器的问世,从而使随一次设备分散布置的分散式 RTU 很快发展起来,而且还提供了功能综合化优化方法。如电压、功率、电能量的测量,以前需要通过三种不同的变送器来实现,而免变送器的 RTU 直接从 TA(电流互感器)、TV(电压互感器)采样电流、电压波形,通过分析计算,不仅可以得到电流,电压,有功、无功功率和有功、无功电能量,还可以得到基波、谐波值、功率因数、频率、零序、负序参数等。在变电所自动化技术中,这种分散布置的 RTU 模块通称为测量控制单元或输入/输出(I/O)单元。

与此同时,传统的各种继电保护和装置通过 DSP 技术的应用,直接从 TA、TV 采样电流、电压波形,通过分析计算,得出各种继电保护所需的运行参数,实现保护功能。此外,还可实现重合闸、故障测距、故障录波、小电流接地系统单相接地选线等功能。这种分散布置的继电保护和自动装置模块,在变电所自动化技术中通称为保护单元。

I/O 单元和保护单元的出现,使得传统集中控制的变电所自动化系统除了变电所级中央单元外,还增加了一层由 I/O 单元和保护单元所组成的间隔级(Bay Level),I/O 单元和保护单元有时也称为间隔级单元。不同的是,I/O 单元主要面向正常运行方式,而保护单元服务于故障环境,两者对 TA 的要求有所不同。由于这种分散式变电所自动化系统具有节约投资和安全可靠的特点,因此得到了广泛应用。

当前,国外分散式变电所自动化系统主要在两个方面发展:一是大力发展高性能的间隔级产品,能在温度 −40 ~ 85 ℃和相对湿度 95% 的户外环境中工作(对保护单元还提供温度监视),具有较强的抗电磁干扰、耐腐蚀和抗震能力等;二是在功能综合优化和系统集成上下功夫,提高整个系统的性价比。例如,有的是 I/O 单元和保护单元分别自成系统;有的是在 I/O 单元和保护单元的独立工作基础上,在间隔级实现系统集成;有的则是在 10 kV 开关柜上实现 I/O 单元和保护单元的综合,开发出综合测量、控制、保护单元。

变电所综合自动化系统当前存在的主要问题是间隔级单元的通信协议标准问题,在这方面,欧洲工业界可能发展得较快,现已由德国电力行业协会(VDEW)及德国电气和电子制造商协会(ZVEI)制定了一个被称为 VDEW/ZVEI 的标准接口,对遵循该协议的英国广播公司(BBC)和西门子(SIEMENS)的间隔级产品,即可在同一系统中使用,现该协议已提交国际电工委员会(IEC),供制定有关国际标准时参考。下一步的发展,可能是把分时能量表计集成进来,现今具有用户 RTU 功能的多功能高精度数字分时电能表已大量投入运行。

# 第三节　变电所自动化系统基础功能

在变电所综合自动化系统的研究和开发过程中,对变电所综合自动化系统应包括哪些功能和要求曾经有不同的看法,由于几年的实践和发展的趋势,目前这些看法已逐步接近。总之,变电所综合自动化是多专业性的综合技术,它以微计算机为基础,实现了对变电所传统的继电保护、控制方式、测量方法、通信和管理模式的全面技术改造,实现了电网运行管理的一次变革。国际大电网会议 WG34. 03 工作组在研究变电所的数据流时,分析了变电所自动化需完成的功能大概有 63 种,归纳起来可分为以下几种:①控制、监视功能;②自动控制功能;③测量表计功能;④继电保护功能;⑤与继电保护有关的功能;⑥接口功能;⑦系统功能。

结合我国的情况,具体来说,变电所综合自动化系统的基本功能体现在下述三个子系统中。

## 一、监控子系统

监控子系统应取代常规的测量系统,取代指针式仪表;改变常规的操作机构和模拟盘,取代常规的告警、报警、中央信号、光字牌等;取代常规的远动装置等。总之,其功能应包括以下几部分内容。

### (一)数据采集

变电所的数据包括模拟量、开关量和电能量。

**1. 模拟量的采集**

变电所需采集的模拟量有各段母线电压、线路电压、电流、有功功率、无功功率,主变压器电流、有功功率和无功功率,电容器的电流、无功功率,馈出线的电流、电压、功率,以及频率、相位、功率因数等。此外,模拟量还有主变压器油温、直流电源电压、所用变压器电压等。

对模拟量的采集,有直流采样和交流采样两种方式。直流采样是指将交流电压、电流等信号经变送器转换为适合 A/D 转换器输入电平的直流信号;交流采样是指输入给 A/D 转换器的是与变电所的电压、电流成比例的交流电压信号。

**2. 开关量的采集**

变电所的开关量有断路器的状态、隔离开关状态、有载调压变压器分接头的位置、同期检测状态、继电保护动作信号、运行告警信号等。这些信号都以开关量的形式,通过光电隔离电路输入计算机,但输入的方式有区别。对于断路器的状态,需采用中断输入方式或快速扫描方式,以保证对断路器变位的采样分辨率在 5 ms 之内;对于隔离开关状态和分接头位置等开关信号,不必采用中断输入方式,可以用定期查询方式读入计算机进行判断。继电保护的动作信息输入计算机的方式有两种:常规的保护装置和前几年研制成功的微机保护装置由于不具备串行通信能力,故其保护动作信息往往取自信号继电器的辅助触点,也以开关量的形式读入计算机中;近年来新研制的微机继电保护装置大多数具有串行通信功能,因此其保护动作信号可通过串行口或局域网络通信的方式输入计算机,这样可节省大量的信号连接电缆,也节省了数据采集系统的 I/O 接口量,从而简化了硬件电路。

**3. 电能计量**

电能计量即指对电能量(包括有功电能和无功电能)的采集。众所周知,对电能量的采集,传统的方法是采用机械式的电能表,通过电能表盘转动的圈数来判断电能量的大小。这些机械式的电能表无法和计算机直接连接。为了使计算机能够对电能量进行计量,开发计算机监控系统的科技人员和电能表生产厂家做了许多研究和开发工作,使监控系统的电能计量研发有了不小的进展,也有多种解决的方法,下面介绍其中两种。

(1)电能脉冲计量法。

电能脉冲计量法是传统的感应式的电能表与电子技术相结合的产物,即对原有的感应式的电能表加以改造,使电能表转盘每转一圈便输出一个或两个脉冲,用输出的脉冲数代替转盘转动的圈数。计算机可以对这个输出脉冲进行计数,将脉冲数乘以标度系数(与电能常数、电压互感器 TV 和电流互感器 TA 的变比有关),便得到电能量。

电能脉冲计量法有两种常用类型的仪表可供选用:①脉冲电能表;②机电一体化电能计量仪表。

20 世纪 80 年代后期,微机监控系统对电能脉冲的计量,最普遍的方法是利用光电管构成脉冲发生电路,安装在普通感应式电能表中,然后在表的转盘上打一个小孔(为了平衡起见,也有打 2 个或 4 个小孔的),当转盘的小孔对准光电管时,脉冲发生电路便输出一个脉冲。但人们很快发现,在转盘上打小孔,脉冲宽度会受到孔径的限制,因此又改为在转盘的一定扇形面积上涂上一层黑漆。利用光反射的差别,每当黑漆部分对着光电管时,便输出脉冲,这种方法比在转盘上打小孔的方法更方便,而且脉冲宽度容易满足要求,因此直至现在,国内不少生产常规电能表的厂家也还在采用这种方法。这种脉冲电能表价格比普通电能表贵一些,但相对其他类型的电能表更加便宜,因此有一定的市场。脉冲电能表更适合用于老站改造,原来的电能表只需要少量投资便可改造为脉冲电能表。但这种由脉冲电能表输出脉冲,传送到监控机或专门的电能计量模块去统计脉冲,并转换成电能量的方法,由于脉冲传输过程中无法避免干扰,容易发生漏记脉冲,或把干扰信号当作电能脉冲而多记脉冲的误差,因此不少研究单位和生产厂家都在研究改进电能计量的方法,并已获得实用的成果。

机电一体化电能计量仪表的核心仍然是感应式的电能表和现代电子技术相结合构成的,但它克服了脉冲电能表只输出脉冲、传输过程抗干扰能力差的缺点。它的电子电路部分主要由单片微型计算机、集成电路芯片和光电管脉冲产生电路等组成。利用单片机的智能和存储器的记忆功能,可以将电能表转盘转动时产生的脉冲就地统计处理成电能量并存储起来,供随时查看;并利用单片机的串行通信功能,将电能量以数字量形式传输给监控机或专用电能计量机;还可以输出脉冲量供需要用脉冲数计量的电能计量机用;同时,这种电能计量仪表还可利用单片机的计算能力对电能量进行分时统计,便于实现分时计费,满足电力市场发展的需要。因此,机电一体化的电能计量仪表准确度比普通脉冲电能表高,功能更多,但价格相对较贵。目前已有多家生产机电一体化的电能计量仪表的厂家,并且已得到计量部门的认可。

任何事物都是有正反两面的,机电一体化的电能计量仪表虽然准确度比脉冲电能表高,但它的准确度仍然取决于原来机械式的电能表,而且体积大、成本高,因为除了原来的电能表外,还要加上微计算机部分。因此,仍然有必要开发新的产品,研究新的电能计量方法。

(2)软件计算方法。

软件计算方法并非不需要任何硬件设备,其实际上是数据采集系统利用交流采样得到的电流、电压值,通过软件计算出有功电能和无功电能。由于电压、电流是监控系统或数据采集系统必需的基本量,因此利用所采集的电压、电流值计算出电能量,不需要增加专门的硬件投资,只需要设计好计算程序,故称软件计算法。目前软件计算法也有两种途径:①在监控系统或数据采集系统中计算;②用微机电能计量仪表计算。

在监控系统或数据采集系统中,根据采集的电压、电流分别计算出主变压器和各线路的有功电能和无功电能。这种方法的最大优点是投资少和占地面积小,如果是在监控系统或一般的数据采集系统中计算电能量,作为计费的依据,目前还不易为人们所接受;但随着集成电路的发展,以及断电保持的电子盘存储器可靠性和容量的提高,这种方法会越来越可靠。

专用的微机型电能计量仪表全部由单片机和集成电路构成,通过采样电压和电流量,由软件计算出有功电能和无功电能。因为这种装置是专门为计算电能量而设计的,故可以保证计量的准确度,而且不仅能保存电能值、方便地实现分时统计,还具有串行通信功能,也可从同时输出脉冲量。因此,微机电能计量仪表在功能、准确度和性价比方面都大大优于脉冲电能表,是今后的主要发展方向。

## (二)事件顺序记录

事件顺序记录(Sequence of Events,SOE)包括断路器跳合闸记录、保护动作顺序记录。微机保护或监控系统采集环节必须有足够的内存,以足够存放一定数量或时间的事件顺序记录,确保当后台监控系统或远方集中控制主站通信中断时不丢失事件信息,并记录事件发生的时间(应精确至毫秒级)。详细指标见调度自动化规范。

（三）故障记录、故障录波和测距

**1. 故障记录**

35 kV、10 kV 和 6 kV 的配电线路很少专门设置故障录波器,为了便于分析故障,可设置简单故障记录功能。

故障记录是记录继电保护动作前后与故障有关的电流量和母线电压的,故障记录量的选择可以按以下原则考虑:如果微机保护子系统具有故障记录功能,则该保护单元保护启动的同时便启动故障记录,这样可以直接记录发生事故的线路或设备在事故前后的短路电流和相关的母线电压的变化过程;若保护单元不具备故障记录功能,则可以采用保护启动监控机数据采集系统,记录主变压器电流和高压母线电压。记录时间一般可考虑保护启动前 2 个周波(即发现故障前 2 个周波)和保护启动后 10 个周波以及保护动作和重合闸等全过程的情况,在保护装置中最好能保存连续 3 次的故障记录。

对于大量中、低压变电所,没有配备专门的故障录波装置,而 10 kV 的配电线路出线数量大、故障率高,在监控系统中设置故障记录功能,对分析和掌握情况、判断保护动作是否正确很有益处。

**2. 故障录波和测距**

110 kV 及以上的重要输电线路距离长、发生故障影响大,必须尽快查找出故障点,以缩短修复时间,尽快恢复供电,减少损失。设置故障录波和故障测距是解决此问题的最好途径。变电所的故障录波和测距可采用两种方法实现:一种方法是由微机保护装置兼作故障记录和测距装置,再将记录和测距的结果送监控机存储及打印输出或直接送调度主站,这种方法可节约投资,减少硬件设备使用,但故障记录的量有限;另一种方法是采用专用的微机故障录波器,并且故障录波器应具有串行通信功能,可以与监控系统通信。

（四）操作控制功能

无论是无人值班变电所还是少人值班变电所,操作人员都可以通过 CRT 屏幕对断路器和隔离开关进行分、合操作(允许电动操作),对变压器分接开关位置进行调节控制,对电容器进行投、切控制,同时要能接受遥控操作命令,进行远方操作;为防止计算机系统故障时无法操作被控设备,在设计时应保留人工直接跳、合闸方法。断路器操作应有闭锁功能,操作闭锁应包括以下内容:

①断路器操作时,应闭锁自动重合闸。

②当地进行操作和远方控制操作要互相闭锁,保证只有一处操作,以免相互干扰。

③根据实时信息,自动实现断路器与隔离开关间的闭锁操作。

④无论是当地操作还是远方操作,都应有防误操作的闭锁措施,即只有收到返校信号后才执行下一项;必须有对象校核、操作性质校核和命令执行三步,以保证操作的正确性。

### (五)安全监视功能

监控系统在运行过程中,要对采集的电流、电压、主变压器温度、频率等量不断进行越限监视,如发现越限,应立刻发出告警信号,同时记录和显示越限时间及越限值;另外,还要监视保护装置是否失电、自控装置工作是否正常等。

### (六)人机联系功能

**1.人机联系桥梁**

变电所采用微机监控系统后,无论是有人值班变电所还是无人值班变电所,最大的特点之一就是操作人员或调度员只要面对阴极射线管(CRT)显示器的屏幕,通过操作鼠标或键盘,就可以对全所的运行工况和运行参数一目了然,还可以对全所的断路器和隔离开关等进行分、合操作,彻底改变了传统的依靠指针式仪表和依靠模拟屏、操作屏等方法的操作方式。

**2.CRT 显示画面的内容**

作为变电所人机联系的主要桥梁和方法的 CRT 显示器,不仅可以取代常规的仪器、仪表,而且可以实现许多常规仪表无法完成的功能。它可以显示的内容包括以下几方面。

①显示采集和计算的实时运行参数。监控系统所采集和通过采集信息所计算出来的 $U$、$I$、$P$、$Q$、有功电能、无功电能、主变压器温度 $T$、系统频率 $f$ 等,都可在 CRT 显示器的屏幕上实时显示出来,同时在潮流等运行参数的显示画面上应显示出日期和时间(年、月、日、时、分、秒)。屏幕刷新周期为 2~10 s(可调)。

②显示实时主接线图。主接线图上断路器和隔离开关的位置要与实际状态相对应。进行对断路器或隔离开关的操作时,在所显示的主接线图上,对所要操作的对象应有明显的标记(如闪烁等),各项操作都应有汉字提示。

③显示事件顺序记录。显示所发生的事件内容及发生事件的时间。

④显示越限报警。显示越限设备名、越限值和发生越限的时间。

⑤显示值班记录。

⑥显示历史趋势。显示主变压器负荷曲线、母线电压曲线等。

⑦显示保护定值和自控装置的设定值。

⑧其他。包括显示故障记录、显示设备运行状况等。

**3. 输入数据**

变电所投入运行后,随着送电量的变化,保护定值、越限值等需要修改,甚至由于负荷的增长,需要更换原有的设备(如更换 TA 变比)。因此在人机联系中,必须有输入数据的功能。需要输入的数据至少包括以下几种:

①TA 和 TV 变比。

②保护定值和越限报警定值。

③自控装置的设定值。

④运行人员密码。

特别要强调的是,对无人值班变电所也必须设置人机联系功能,以便巡视或检修人员到现场时,能通过液晶显示器、七段显示器、CRT 显示器或便携机观察站内各设备的运行状况和运行参数;应具有人工当地紧急操作的设施,以便对断路器等进行控制。

## (七)打印功能

对于有人值班的变电所,监控系统可以配备打印机,完成以下打印功能:①定时打印报表和运行日志;②开关操作记录打印;③事件顺序记录打印;④越限打印;⑤召唤打印;⑥抄屏打印;⑦事故追忆打印。

对于无人值班变电所,可不设当地打印功能,各变电所的运行报表集中在控制中心打印输出。

## (八)数据处理与记录功能

监控子系统除了要完成上述功能外,还要完成数据处理和记录。历史数据的形成和存储是数据处理的主要内容。此外,为满足继电保护专业和变电所管理的需要,必须进行一些数据统计,其内容包括:①主变压器和输电线路有功和无功功率每天的最大值、最小值及相应的时间;②母线电压每天定时记录的最高值、最低值及相应的时间;③计算受配电电能平衡率;④统计断路器动作次数;⑤断路器切除故障电流和跳闸次数的累计数;⑥控制操作和修改定值记录。

# 二、微机保护子系统

## (一)微机保护的优越性

微机保护装置在我国投入运行已有十余年,并且越来越受到继电保护人员和运行人员的欢迎,这是因为它显示出了和常规的继电器型或晶体管型保护装置相比的优越性,突出表现在以下几方面。

**1. 灵活性强**

由于微机保护装置是通过软件和硬件结合来实现保护功能的,因此在很大程度上,不同原理的继电保护的硬件可以相同,换成不同的程序即可改变保护功能。例如,三段式的电流保护、重合闸和后加速跳闸等功能可以通过同一套保护装置实现,只要保护软件具备这些功能即可,这是常规继电器很难做到的。

**2. 综合判断能力强**

利用微计算机的逻辑判断能力,很容易解决常规继电保护中要考虑的因素太多时,用模拟电路很难实现的问题,因而可以使继电保护的动作规律更合理。

**3. 性能稳定,可靠性高**

微机保护的功能主要取决于算法和判据(即由软件决定)。对于同类型的保护装置,只要程序相同,其保护性能必然一致,所以性能稳定。而晶体管型的继电器的元器件受温度影响大,机械式的继电器可能出现运动机构失灵、触点性能不良、接触不好等情况。而微机保护采用了大规模集成电路,装置的元器件数目、连接线等大大减少,因而可靠性高。

**4. 提高保护的灵敏性**

利用微机的记忆功能,可明显改善保护的性能,提高保护的灵敏性。例如,由微机软件实现的功率方向元器件,可消除电压死区,同时有利于新原理保护的实现。

**5. 可实现故障自诊断、自闭锁和自恢复**

利用微机的智能,可实现故障自诊断、自闭锁和自恢复。这是常规保护装置所不能比拟的。

**6. 体积小,功能全**

由软件可实现多种保护功能,大大简化装置的硬件结构,可以在事故后打印出各种有用数据,如故障前后电压、电流采样值、故障点距离、保护的动作过程和出口时间等。

**7. 运行维护工作量小,现场调试方便**

可以在线修改或检查保护定值,不必停电校验定值。

由于微机保护具有突出的优越性,是今后继电保护技术的发展方向,因此变电所综合自动化系统中,采用微机保护是必然趋势。尤其是新建的变电所,如果条件允许,应该采用变电所综合自动化系统,全面提高变电所的技术水平。

**(二)微机保护子系统的功能**

微机保护应包括全变电所主要设备和输电线路的全套保护,具体包括:①高压输电线路的主保护和后备保护;②主变压器的主保护和后备保护;③无功补偿电容器组的保护;④母线保护;⑤配电线路的保护;⑥不完全接地系统的单相接地选线。

### (三)对微机保护子系统的要求

微机保护是综合自动化系统的关键环节,它的功能和可靠性在很大程度上影响了整个系统的性能,因此设计时必须给予足够的重视。

微机保护子系统中的各保护单元,除了具有独立、完整的保护功能外,还必须满足以下要求(即必须具备以下附加功能):

①满足保护装置快速性、选择性、灵敏性和可靠性的要求,它的工作不受监控系统和其他子系统的影响。为此,要求保护子系统的软、硬件结构要相对独立,而且各保护单元(如变压器保护单元、线路保护单元、电容器保护单元等)必须由各自独立的中央处理器(CPU)组成模块化结构。主保护和后备保护由不同的 CPU实现,重要设备的保护最好采用双 CPU 的冗余结构,保证在保护子系统中一个功能部件模块损坏时,只影响局部保护功能,而不影响其他设备的保护。

②具有故障记录功能。当被保护对象发生事故时,能自动记录保护动作前后有关的故障信息,包括短路电流、故障发生时间和保护出口时间等,以便分析故障。

③具有与统一时钟对时的功能,以便准确记录发生故障和保护动作的时间。

④存储多种保护整定值。

⑤当地显示与多处观察和授权修改保护整定值。对保护整定值的检查与修改要直观、方便、可靠。除了在各保护单元上要能显示和修改保护定值外,考虑到无人值班的需要,应能通过当地的监控系统和远方调度端观察和修改保护定值。同时,为了加强对定值的管理,避免出现差错,修改定值要有校对密码措施,并记录最后一个修改定值者的密码。

⑥设置保护管理机或通信控制机,负责对各保护单元的管理。保护管理机(或通信控制机)在自动化系统中起到承上启下的作用。把保护子系统与监控系统联系起来,向下负责管理和监视保护子系统中各保护单元的工作状态,并下达由调度或监控系统发来的保护类型配置或整定值修改等信息;如果发现某一保护单元故障、工作异常或有保护动作的信息,应立刻上传给监控系统或上传至远方调度端。

保护管理机将监控系统与各保护单元联系起来,起上传下达等作用,隔开了各保护单元与监控系统的直接联系,不仅可以减少连接电缆、降低成本,而且可以减少相互之间的影响和干扰,有利于提高保护系统的可靠性。

⑦通信功能。变电所综合自动化系统中的微机保护子系统应该填补常规的

保护装置不能与外界通信的缺陷。由保护管理机或通信控制器与各保护单元通信,各保护单元必须设置有通信接口,便于与保护管理机等单元连接。

⑧故障自诊断、自闭锁和自恢复功能。每个保护单元都应有完善的故障自诊断功能,发现内部有故障时应能自动报警并指明故障部位,以便查找故障和缩短维修时间。对于关键部位故障(如 A/D 转换器故障或存储器故障),则应自动闭锁保护出口。如果是软件受干扰,造成"飞车"的软故障,应有自启动功能,以提高保护装置的可靠性。

### 三、变电所综合自动化系统

变电所综合自动化系统是由各个子系统组成的。在研制过程中,一个值得重视的问题是"如何把变电所各个单一功能的子系统(或称单元自控装置)组合起来",也即"如何使上位机与各子系统或在各子系统之间建立起数据通信或互操作"。在综合自动化系统中,由于综合、协调工作的需要,网络技术、通信协议标准、分布式技术、数据共享等问题必然成为研究综合自动化系统的关键问题。

另外,先进的自动化系统应该能替代 RTU 的全部功能,也即与调度主站应具有很强的通信功能。

因此,综合自动化系统的通信功能包括系统内部的现场级间的通信和自动化系统与上级调度的通信两部分。

#### (一)综合自动化系统的现场级通信

综合自动化系统的现场级通信,主要解决自动化系统内部各子系统与上位机(监控主机)和各子系统间的数据通信和信息交换问题,它们的通信范围是变电所内部。对于集中组屏的综合自动化系统来说,实际上是在主控室内部;对于分散安装的自动化系统来说,其通信范围扩大至主控室与子系统的安装地,最大的可能是开关柜间距,即通信距离增加了。

综合自动化系统现场级的通信方式有并行通信、串行通信、局域网络和现场总线等多种方式。

#### (二)综合自动化系统与上级调度通信

综合自动化系统必须兼具 RTU 的全部功能,应该能够将所采集的模拟量和开关状态信息、事件顺序记录等上传至调度端;同时,应该能接收调度端下达的各种操作、控制、修改定值等命令,即完成新型 RTU 等全部四遥功能。

通信规约必须符合部颁的规定,最常用的有问答式(POLLING)和循环远动规约(CDT)两类规约。

# 第二章  变压器技术参数及运行技术

变压器是变电所里最主要的设备,如果变压器发生故障,造成停电,不仅损失巨大,而且通常在短期内难以恢复。因此,研究变压器的投运操作和运行技术是十分重要的。

## 第一节  变压器运行与操作

### 一、变压器投运操作和运行监视

#### (一)投运前的检查

在新安装的变压器投运之前,对变压器本体及和变压器连接的所有设备都要进行详细检查。检查内容包括:

①油枕和套管的油位。停运中的变压器油枕的油位应在与周围气温相对应的油标刻度附近。

②变压器接地引下线与主接地网连接是否可靠。

③冷却系统是否已在正常状态,各阀门开闭是否正确。

④调压分接开关位置指示器是否正常,是否指示所需要的位置。并在有关记录簿上做好记录。

⑤一、二次侧有无短路接地线。与投运变压器有关的短路接地线都应拆除。

⑥一次侧有中点引出的变压器,应检查与中性点相连接的接线是否正确。如果连接的是保护设备,应检查这些设备的状态是否正常。

⑦继电保护装置是否已按规定启用,对整定值有无疑问,如有疑问,要及时查清原因。按照运行分工责任制,变压器的继电保护是否投运应按照电网调度指令或变电所技术负责人的指令执行。值班员如有疑问应及时反映。

⑧对于高压侧没有断路器的变压器,应核实高压熔断器的状态,了解熔件额定电流是否符合要求。普通电力变压器的一次侧熔丝应按变压器额定电流的1.5~2倍选用,二次侧熔丝的额定电流可按变压器二次侧额定电流选用。对于单台电动机的专用变压器,考虑到启动电流的影响,二次侧熔丝额定电流可增大30%。

⑨为防止有载开关在变压器严重过载或系统短路时进行切换,在有载分接开关控制回路中宜加装电流闭锁装置,其整定值不应超过变压器额定电流的1.5倍。

⑩装有气体继电器的油浸式变压器,在新安装时应检查顶盖沿气体继电器方向是否有1%～1.5%的升高坡度。变压器投运时瓦斯保护应接信号(轻瓦斯保护)和跳闸(重瓦斯保护)。有载分接开关的瓦斯保护应接跳闸。

⑪变压器的压力释放阀宜作用于信号。

⑫对于110 kV及以上中性点有效接地系统,变压器的投运或停运操作,中性点必须先接地,以防止操作过电压对中性点造成击穿。变压器投入后中性点是否断开可根据系统需要由电网调度统一决定。

⑬对于新安装或大修后的变压器,投运前要检查变压器的验收试验报告是否符合投运要求。如果变压器刚检修完,则应注意检查施工现场是否已收拾干净,一、二次侧接线是否都已恢复正常。

⑭备用变压器应具备随时可以投入运行的条件。

## (二)投运操作

变压器投运应遵守下列规定:

①强油循环变压器投运时应逐台投入冷却器,并按负载情况控制投入冷却器的台数;水冷却器应先启动油泵,再开启水系统。

②变压器的充电应在有保护装置的电源侧用断路器操作;亦即先合隔离刀闸,后合断路器,对变压器充电。

③按照国家标准《电气装置安装工程 电力变压器、油浸电抗器、互感器施工及验收规范》(GB 50148—2010)的规定,新变压器、电抗器第一次投入时,可全电压冲击合闸。冲击合闸应进行5次,第一次受电后的持续时间不应少于10 min。励磁涌流不应引起保护装置的误动。

更换绕组后的变压器第一次投运,根据《电力变压器运行规程》(DL/T 572—2021)的规定,全电压冲击合闸3次。

④变压器电源侧无断路器时,可用隔离刀闸投切110 kV及以下且电流不超过2 A的空载变压器;装在室内的隔离刀闸在各相之间宜安装耐弧的绝缘隔板。

⑤允许用熔断器投切空载配电变压器和66 kV及以下的所有变压器。

⑥为了防止绝缘油在低温时循环流动受阻导致变压器局部严重过热,对于自然油冷或风冷的变压器,如果油温低于–30 ℃,不要在投运时立即带额定负荷;对于强油风冷的变压器,如果油温低于–25 ℃,也不要在投运时立即带额定负荷,这时应先使变压器空载运行一段时间,或者带一些轻负荷,不要超过40%～50%的额定负荷。这样做是因为低温时油的流动慢,要防止在油和绕组之间出现很大的温差,如果绕组温度过高,则会加速绝缘的老化。

⑦温度较低时,冷却风扇也可以不投运。例如变压器上层油温如果不超过55 ℃,那么即使不开风扇,变压器也可在额定负荷下运行。

⑧变压器投运时,其周围不应有人停留,以免变压器投运瞬间发生事故(如喷油、着火、干式变压器匝间短路产生巨响或出现浓烟等),造成人身伤害。在变压器投运后,从电流表、电压表等监视未见异常,远处也未听见异常声音,这时可以走近变压器细听变压器内部有无异常声音。但也要注意不要停留在正对防爆筒喷口的一侧,以免发生意外。根据运行经验,有的新变压器在投运后最初的几个小时内虽然一切正常,但后来却突然喷油起火;有的新变压器甚至在投运五六天后,在轻负荷的情况下突然击穿喷油。这种情况虽然极少发生,但也应引起警惕。

⑨变压器投运时,可能会出现断路器合闸不成功(即合不上闸)的情况。出现这种情况的原因可能是继电保护动作,合闸后又跳闸;也可能是断路器的合闸机构没有到位,合闸后又自动跳开了。当发生这种情况时,不要急于重新合闸,而是要等几分钟。如果是由于继电保护动作而跳闸,则要查清引起继电保护动作的原因。要详细检查变压器是否有故障。如果是由于继电保护未能躲过变压器合闸涌流而出现跳闸,则应考虑改变保护定值;如果是由于合闸操作不当,合闸机构没有到位而引起跳闸,则应过一段时间后再合闸,避免连续冲击导致操作过电压而引发变压器事故。

### (三)变压器的运行监视

**1. 变压器的电流监视**

变压器的负荷大小通过电流表来监视。应该在电流表的刻度盘上对应额定负荷的地方标上红色危险记号,这样便于对变压器运行状态进行监视,以防止过载。在监视负荷数值的同时,还应该检查各相负荷是否平衡。

**2. 变压器的电压监视**

变压器一、二次电压的高低可通过电压表来监视。前面已经介绍过,变压器的外加一次电压一般不应比相应分接头额定电压高出5%以上。

**3. 变压器温度的监视**

变压器的温升限值前面已做过介绍。值班人员在运行监视时,除了要注意变压器的温度和温升不要超过前面介绍的规定限值外,还要掌握变压器的温升和负荷电流的对应关系,积累经验。当发现变压器的温升和负荷的对应关系突然变化时,就应引起注意,并对变压器的状态进行分析检查。在环境条件相同的情况下,同负荷时,如果温升突然变大或变小,则要检查测温系统是否出现异常,或者变压器冷却系统是否出现异常。如果不是这些原因造成的温升异常,则要考虑变压器内部有无引起温升异常的原因。变压器内部油道堵塞、变压器绕组并联导线的断股都会使变压器温升异常。有的变压器在运行若干年后,铁芯和绕组上沉积了厚厚的一层油垢,严重影响散热,也使铁损增加,也可能导致温升异常。如果在正常负载和冷却条件下,变压器温度不正常并不断上升,则应使变压器停运并进行检查。

各种不同设计结构的变压器其温升规律也不尽相同,因此不能简单下结论。例如,某变电所新投运一台大容量变压器,按照事先安排,该变压器投运后空载运行 24 h,以考核其空载性能。在投运 6 h 后,值班员发现变压器温升高达 25 ℃。根据其以往经验,变压器空载温升应在 10 ℃上下,显然这台变压器的空载温升异常。为防止发生事故,经再三研究后决定使该变压器退出运行,并向生产厂家提出质疑。生产厂家无法解释该现象,于是将变压器返厂检查。后来向不少变压器专家咨询,最后得出结论:变压器空载时的温升数值与变压器结构有关。该变压器是特殊结构的非标准型号,器身细长,因此上层油温偏高。而且在空载时,由于温差没有达到一定数值,变压器内油的对流还较缓慢,因此从上层油温计算出的空载时温升显然偏高,变压器带负载后随着油流的加速,上层油温升未必超标,因此认为变压器可以投运。后来事实也证明,该变压器在满载运行时各项指标也都正常。

**4. 变压器的值班巡视**

(1)每天应至少巡视检查一次变电所内的变压器,每周应至少进行一次夜间巡视。

(2)在下列情况下应对变压器进行特殊巡视检查,并增加巡视检查次数:

①新设备或经过检修、改造的变压器投运的 72 h 内。

②有严重缺陷时。

③气象突变(如大风、大雾、大雪、冰雹、寒潮等)时。

④雷雨季节,特别是雷雨后。

⑤高温季节、高峰负荷时。

⑥变压器严重过负荷运行时(如急救负载运行时)。

(3)变压器日常巡视检查一般应包括以下内容:

①变压器的油温和油位是否正常。

②变压器有无渗漏油。

③套管的油位是否正常,套管有无渗漏油、有无破损裂纹。

④变压器音响是否正常。

⑤各冷却器手感温度是否接近,冷却器工作是否正常。

⑥气体继电器有无气体(应无气体)。

⑦有载分接开关的分接位置及电源指示是否正常。

⑧各控制箱和二次端子箱是否关严、有无受潮。

⑨干式变压器的外部表面有无积污。

⑩变压器高低压套管根部和接线端子处有无过热痕迹(如冒烟、冒热气、过热变色等)。

⑪变压器室的门窗是否完好,房屋是否漏水,室温是否正常(应不超过40 ℃)。

(4)无人值班的变电站应在每次定期检查时记录其电压、电流和顶层油温,并根据自动记录仪记录曾达到的最大电流和最高油温。无人值班的变压器容量为3 150 kV·A 及以上的变电所,每10 d 应至少巡视一次变压器;3 150 kV·A 以下的,每月应至少巡视一次变压器。

## (四)变压器的异常情况处理

(1)变压器温升异常,按照前面已介绍的有关变压器温升异常的内容处理。

(2)变压器油位因温度上升有可能高出油位极限,经查明不是假油位所致时,应放油,使油位降至当时油温相对应的高度,防止溢油。

(3)当发现变压器的油位较当时油温所应有的油位显著降低时,应查明原因。如需带电补油,应将重瓦斯改接信号。禁止从变压器下部补油。

(4)变压器低温投运时,如温度过低,变压器油凝滞,应不投冷却器而是空载投运,并监视顶层油温,逐步增加负载并逐渐转入正常运行,直至投入相应数量的冷却器。

(5)铁芯多点接地且接地电流较大时,应分析造成多点接地的原因。如果怀疑是金属毛刺搭接造成铁芯多点接地,则可以采用电容器直流充电,然后对铁芯接地处放电,将毛刺烧掉的方法。如果不吊芯无法解决,则可安排吊芯修理。在缺陷消除前,应采取措施将电流限制在 100 mA 左右,并加强监视。

(6)变压器声音异常。变压器运行时的声音与变压器容量大小、电压高低、负荷大小有关。声音过大可能与变压器的结构、制造质量和安装是否稳固等有关。有时声音过大与变压器铁芯过励磁有关。如果变压器的声音有阵发性尖音,则可能与冲击负荷或瞬间高次谐波电流有关。如果变压器内有轻微的间歇性的放电声,则可能是油箱内有金属性异物沉落箱底,或有金属毛刺漂浮在油中。总之,如果声响不能消除,则应将变压器停运并进行检修。

(7)新变压器投运后,如果高压套管根部法兰处有静电放电声,则是法兰与油箱之间接触不良(即法兰接地不良)所致。解决方法是将变压器停运后,在法兰根部刷些银粉或半导体漆,即可消除放电。如果高压套管顶部有轻微放电声,则应考虑套管顶部是否有积存空气,可以通过停电后放气解决。

(8)如果发现变压器套管有严重破损、漏油导致油位逐渐下降,或内部有明显放电声音,则应将变压器停运并进行检修。

（9）如果变压器油箱漏油，油位逐渐下降直到低于油位计的指示限度，则应将变压器停运。

（10）如果变压器冒烟着火或发生其他危及变压器安全的故障，而变压器的有关保护拒动不跳，则值班人员应立即将变压器停运。

（11）当变压器瓦斯保护信号动作时，应立即对变压器进行检查。一般来说，变压器新投运或补油后，油中空气积聚在继电器内，气体无色、无臭、不可燃，色谱分析判断为空气，则变压器可继续运行；如果变压器瓦斯继电器中的气体是可燃性气体，而且反复出现，则应考虑变压器内部是否有较严重的缺陷，并综合判断决定变压器是否停运。

（12）当变压器瓦斯保护动作跳闸时，在查明故障前，不得将变压器投入运行。在分析原因时，应检查瓦斯继电器里的气体。如果变压器内部发生故障，由于产生电弧，绝缘油分解出大量气体，这些气体带动绝缘油形成高速油流，流进油枕，冲击瓦斯继电器，重瓦斯动作，变压器跳闸。根据瓦斯继电器中气体的容积，可以判断故障的程度；而根据气体的成分，可以判断故障的性质，即可以分辨出是变压器油分解出的气体，还是固体绝缘材料分解出的气体。各种不同的绝缘材料承受高温引起分解时，所产生的气体都有确定的组成成分，例如，当气体混合物中含有大量 $CO$（一氧化碳）和 $CO_2$（二氧化碳）时，可以判断气体是从固体绝缘材料中分解出来的。

通过检查气体的颜色和易燃性，可以对变压器的内部状态做出一定的估计。灰白色气体说明变压器内的故障部位是绝缘纸和绝缘纸板；黄色气体说明故障部位是木质绝缘；暗蓝色或黑色气体则说明故障是油间隙击穿。

气体易燃，则表明变压器内部已有故障。对气体易燃性的检验应采集气体后在安全的地方进行，绝对禁止在瓦斯继电器放气阀处点火，避免引起油枕爆炸。

如果瓦斯继电器里没有气体，而且变压器油的色泽正常，则应考虑瓦斯保护有可能误动作。为此，应该检查瓦斯保护二次回路是否存在缺陷。如果查出瓦斯保护二次回路存在缺陷，采取预防措施后即可将变压器恢复投入运行，不必进行吊芯检查。

（13）变压器过电流动作跳闸。变压器过电流保护是带延时的电流保护。如果变压器过电流保护动作开关跳闸，则有可能存在以下故障：

①变压器二次侧配出线发生短路故障，配出线的继电保护拒动。继电保护拒动的原因可能是定值不合理或者配出线没有配备速断保护，也可能是继电保护回路有缺陷、继电保护操作电源容量不够或断路器有故障不跳闸。

②变压器本身有故障，但差动保护和瓦斯保护因故未动。这种情况发生的可能性很小。

③变压器过流保护定值偏小，出现误动作；或者过流保护装置故障，出现误

动作。

④变压器二次侧母线短路故障,引起变压器过流保护动作。

⑤变压器二次侧配出线的断路器或隔离刀闸发生短路故障,引起变压器过流保护动作。

(14)变压器差动保护动作跳闸。可能有以下原因:

①变压器本身出现短路故障。如果是油浸变压器,瓦斯保护一般也应同时动作。

②变压器一、二次引出套管发生短路故障,或者变压器一、二次引出线的母线桥发生短路故障。其故障点应该在差动保护一、二次电流互感器之间的导电回路上。

③差动保护误动作。误动作的原因可能是差动保护二次回路接线不正确,或者电流互感器有故障,又或者差动保护定值不正确。而且这种误动作一般都发生在变压器二次侧配出线发生短路故障时。因为差动保护即使接线不正确或者定值不合理,一般在变压器正常运行时也都不会动作,只有出现大电流通过时差动保护才动作。因此,如果变压器差动保护动作跳闸,同一瞬间变压器二次配出线存在短路故障,或者出现特别大的冲击负荷,而变压器瓦斯保护未动,同时变压器没有出现喷油等异常现象,则要考虑差动保护是否误动作。一旦找到差动保护装置且其二次回路存在明显缺陷,即可断定变压器没有故障,是差动保护误动作。

## (五)变压器停运

变压器停运时应先停负载侧,后停电源侧。操作时应先拉开断路器,后拉断路器前后的隔离刀闸。如果变压器的电源侧或负载侧没有安装断路器,则应将二次侧各配出线全部拉开,在变压器空载的状态下,再利用变压器投运时所使用的负荷开关或熔断器开关等切断电源,使变压器停运。

变压器冬季停运时,如果是水冷变压器,则应将冷却器中的水放尽。

## 二、变压器的并列运行

两台或两台以上的电力变压器,其一、二次出线分别接到同一个高、低压母线上,称为并列运行。

### 1. 变压器并列运行的基本条件

①联结组标号相同。

②电压比相等。

③短路阻抗相等。

过去有的规程和参考书中,对于变压器并列运行的条件,还规定了并列运行的变压器容量应相同,或者要求并列运行变压器的容量比不超过1:3。在《电力变压器运行规程》中对此已没有提及。《电力变压器运行规程》还指出：电压比不等或短路阻抗不等的变压器,在任何一台都满足变压器正常额定负载条件或急救负载条件的情况下,也可以并列运行。对于短路阻抗不同的变压器,可适当提高短路阻抗高的变压器的二次电压,使并列运行变压器的容量均能充分利用。

为了防止变压器一、二次引线相位弄错等原因造成错相并列短路事故,新装或变动过内外连接线的变压器,并列运行前必须核定相位。核定相位时只需将需要并列运行的两台变压器的电源侧断路器合上,使变压器处于空载投运状态,变压器的负载侧开路,然后电子杆核向器对两台变压器二次侧的相位和电压是否对应相等。最简便的办法是测定变压器二次解列点断路器或隔离刀闸断口两侧同名相的电压差。如果没有电压差,则说明相位相同、电压相等,可以并列运行。

**2. 当两台变压器联结组不同时不能并列运行**

不同联结组的变压器不能并列运行。这是因为当两台联结组不同的变压器并列时,在它们二次侧的各个同名端子之间存在相位差和电压差,如图 2 - 1 所示。

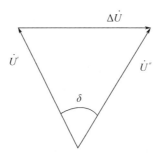

**图 2 - 1　当两台变压器联结组不同时,二次侧的相位差和电压差**

图中 $\dot{U}'$ 与 $\dot{U}''$ 为两台变压器的二次同名线电压,由于变压器联结组不同,因此存在相位差角 $\delta$。它们之间的电压差 $\Delta\dot{U}$ ( $\Delta\dot{U} = \dot{U}' - \dot{U}''$ ) 在两台变压器二次侧的绕组之间会产生平衡电流 $I_p$,即

$$I_p = \frac{\Delta U}{Z_{d1} + Z_{d2}} \qquad (2-1)$$

式中　$\Delta U$——两台变压器的二次电压之差,$U = 2\sin\dfrac{\delta}{2} \cdot U_e$,其中 $U_e$ 为变压器二次侧的额定电压,$U_e = U' = U''$;

　　$Z_{d1}, Z_{d2}$——两台变压器的短路阻抗、可由变压器的阻抗电压 $U_d$ 算出,即

$$U_d = \frac{I_e Z_d}{U_e} \times 100\%$$

$$Z_d = \frac{U_d}{100} \cdot \frac{U_e}{I_e}$$

式中　$I_e$——变压器二次侧的额定电流。

由上面这些关系式可推得

$$I_p = \dfrac{2\sin\dfrac{\delta}{2} \cdot U_e}{\dfrac{U_{d1}}{100} \cdot \dfrac{U_e}{I_{e1}} + \dfrac{U_{d2}}{100} \cdot \dfrac{U_e}{I_{e1}}}$$

$$= \dfrac{200\sin\dfrac{\delta}{2}}{\dfrac{U_{d1}}{I_{e1}} + \dfrac{U_{d2}}{I_{e2}}} \qquad (2-2)$$

### 三、电压比不同时的并列运行

对于两台变压器,如果电压等级相同但电压比不同,一次绕组接到同一母线上,二次绕组出线端子上的电压不同,这时如果将二次出线并到同一低压母线上,在各变压器的一、二次侧分别构成的两个闭合回路内都有平衡电流产生,其大小与二次电压的差值 $\Delta U$ 及变压器的短路阻抗 $Z_{d1}$、$Z_{d2}$ 的大小有关。平衡电流 $I_p$ 有

$$I_p = \dfrac{\Delta U}{Z_{d1} + Z_{d2}} \qquad (2-3)$$

式中　$\Delta U$——两台变压器的二次电压之差,$\Delta U = U' - U''$;

　　　$Z_{d1}$,$Z_{d2}$——两台变压器的短路阻抗。

显然,式(2-3)与式(2-1)完全相同。

### 四、短路电压不同时的并列运行

对于每一台具体的变压器,短路电压 $U_d$ 与变压器的结构、线圈材质及制造工艺有关。变压器制成后,$U_d$ 便是一个不变的数值。几台变压器并列运行时,如果其他条件完全相同,则相互之间的负荷分配与它们的容量成正比,与短路电压成反比。在一般情况下,如果两台变压器 $U_d$ 不同,并列运行时会导致一台变压器负荷不足,而另一台变压器可能过负荷。

例如有两台变压器并列运行,其额定容量分别为 $S_{e1}$ 和 $S_{e2}$,短路电压分别为 $U_{d1}$ 和 $U_{d2}$,并列后所带总负荷为 $S$,则这两台变压器的负荷分配可按下式计算:

$$S' = \dfrac{S_{e1}}{U_{d1}} U_d'$$

$$S'' = \dfrac{S_{e2}}{U_{d2}} U_d'$$

$$U_d' = \dfrac{S}{\dfrac{S_{e1}}{U_{d1}} + \dfrac{S_{e2}}{U_{d2}}}$$

$$S = S' + S'' \qquad\qquad (2-4)$$

式中　$S', S''$——第一台和第二台变压器的实际负荷；

　　　　$S$——总负荷；

　　　　$U'_{\mathrm{d}}$——并列运行变压器短路电压等效值。

### 五、变压器容量不同时的并列运行

过去的规程中,曾有两台并列运行的变压器其容量比不宜大于 1∶3 的说法。在新规程中没有提到这一要求。实际上,只要并列运行的变压器各自都没有超负荷,其容量大小之差就可以不考虑。在遇到容量不同的变压器并列运行时,也可以利用式(2-4)计算负荷分配,分析是否合适。

## 第二节　变压器调压装置

变压器在运行时其电源侧的受电电压有可能偏离额定值,这时变压器二次侧的负载所承受的电压有可能偏高或偏低,这对用电设备的正常工作十分不利。因此,变压器一般都装有调压装置,以尽可能将变压器的输出电压调整到接近额定电压的理想数值。此外,在电力系统内,通过变压器调压不仅可以稳定供电电压,还可以控制电力潮流,调节负荷分配。

调压装置的工作原理一般都是通过改变变压器一次侧的线圈匝数来改变压器的实际变比,从而达到改变二次输出电压的目的。设一次侧匝数为 $N_1$,二次侧匝数为 $N_2$,则匝数比 $K$ 为 $\dfrac{N_1}{N_2}$。变压器的电压比与线圈的匝数比成正比。如果不考虑变压器三相线圈联结方式对实际线电压的影响,假定变压器的电压比也等于线圈的匝数比,则 $\dfrac{U_1}{U_2} = \dfrac{N_1}{N_2} = K$。因此,变压器的二次输出电压 $U_2 = N$。亦即,当变压器一次电压不变时,变压器二次输出电压 $U_2$ 与变压器的匝数比 $K$ 成反比,匝数比增大,二次输出电压降低。对于一般变压器来说,变压器的调压开关抽头挡位排列顺序是从一次线圈匝数最多依次向匝数减少方向排列,亦即变压器变比从大到小排列。因此,当变压器的调压开关从高挡位(如Ⅰ挡)向低挡位(如Ⅱ挡)切换时,匝数比 $K$ 减小,从上面介绍的变比公式不难看出,这时的二次输出电压增大。与此相反,当调压开关从低挡位向高挡位切换时,二次输出电压将减小。或者说,当二次输出电压偏大时,一次分接开关往高挡位调,使二次电压减小;反之亦然。

通过上面介绍可知,变压器是通过改变原、副绕组的匝数比来改变二次输出电压的,而改变原、副绕组的匝数比是通过分接开关改变高压侧绕组的线圈抽头实现的,因为高压绕组套在外面,引出分接头比较方便;而且高压绕组电流比低压绕组小得多,分接开关的触头面积较小,接触问题容易解决。

变压器分接开关分为无载分接开关和有载分接开关,与此对应的变压器调压方式分为无励磁调压和有载调压。

## 一、无励磁调压

无励磁调压是指分接开关在切换分接头时,变压器必须停电,即在不带电的情况下分接开关才能换接,而不仅仅是二次不带负载,因此称为无励磁调压。

### (一)无励磁调压的接线方式

无励磁调压常用的绕组抽头方式有四种:中性点调压、中性点反向连接调压、中部调压、中部并联调压,如图 2-2 所示。

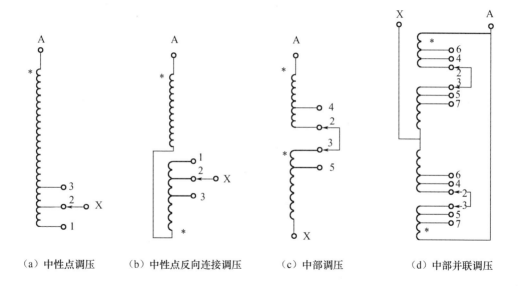

(a)中性点调压　　(b)中性点反向连接调压　　(c)中部调压　　(d)中部并联调压

**图 2-2　无励磁调压常用的绕组抽头方式**

中性点调压如图 2-2(a)所示。三相绕组只用一个分接开关,接在三相绕组的中性点。图中只画出了其中一相绕组。中性点调压的优点是分接开关的相间绝缘要求不高,用一个开关就能完成三相的调压任务。这种接线方式的缺点是绕组端部横向漏磁通较大,因此轴向电磁力较大。所以对于电压较高、电流较大的变压器应采用图 2-2(b)~(d)所示的接线方式,即分接开关接在绕组中部的线圈抽头上。实际上,分接开关具体的接线位置还与变压器绕组的结构有关。对于电压在 10 kV 及以下、容量在 500 kV·A 以下的小容量变压器,绕组一般为圆筒式结构。为了制作方便,分接触头只能设在线圈的尾端,因此最好采用图2-2(a)所示的中性点调压接线方式。

对于电压在 10 kV 及以下、容量在 630 kV·A 及以上的变压器,由于电流较大、需要散热,因此高压绕组一般采用连续式结构,这时采用图 2-2(b)所示的接线方式为宜。图 2-2(b)所示为三相中性点反向连接的调压方式。每相绕组分上、下两个线圈套在同一铁芯柱的外层。上面的绕组为左绕线圈,下面的绕组为右绕线圈。由于上、下线圈的绕向相反,因此其感应电势方向也相反。在反向串联后,两个线圈中的电势叠加,构成一相的电势。反向连接中性点调压的接线方式改善了线圈端部的绝缘结构,但是绕组中间中断处的工作电压约等于相电压的一半,因此必须加宽中断处的油道。因此,35 kV 及以上的变压器线圈一般不采用这种接线方式。

当线圈电压较高、电流较大、调压级数较多时,应采用图 2-2(c)、图 2-2(d)所示的调压接线方式,在线圈中部抽头调压。根据抽头的多少,可以获得三级调压(±5%)或五级调压(±2×2.5%)。采用这种接线方式时,可以根据具体情况选用一个三相分接开关或三个单相分接开关。

### (二)无励磁调压的分接开关结构

无励磁调压采用的分接开关是在没有电流通过的情况下进行操作的,俗称无载调压开关。无励磁分接开关要求有足够的电气绝缘强度,动、静触点接触良好,有足够的导电能力。并且要求动作灵活可靠、操作方便,要有良好的动热稳定性及足够的机械强度和使用寿命。

常用的无励磁调压开关有三相九头分接开关、三相半笼形夹片式分接开关和单相无励磁分接开关等。

三相九头分接开关(如 WSPⅢ型分接开关)可以直接固定在变压器箱盖上,它由绝缘盘、动触头、定触头、接线柱、操动螺母、定位钉等组成。这种开关有三相共九个定触头均匀分布在绝缘盘上,定触头的接线柱分别与三相绕组中性点的九个抽头(每相三个)相连。动触头的三个接触片成互差 120°分布,分别与 A、B、C 三相绕组的中性点抽头接触,形成中性点。这种分接开关在 10 kV 及以下的油浸式配电变压器中经常作为中性点调压无励磁分接开关。

三相半笼形夹片式分接开关(如 WSLⅡ型分接开关)在变压器内水平放置,动、定触头沿水平方向三相间隔分布,每相触头都处于同一垂直面上。分接开关的操作是通过操动螺母、齿轮及绝缘连动轴传动的,在箱盖上转动操作控制盘即可同时切换三相绕组的调压抽头。这种开关有三个分接和五个分接两种结构,常用于 35~66 kV 中小容量无励磁调压的变压器,作为中部抽头调压分接开关。

常用的单相中部调压无励磁分接开关有 WD 型和 WDⅡ型,它们的特点是操动机构与分接开关可以分离。三相变压器要用三个分接开关。动、定触头安装在垂直放置的半圆形绝缘筒内。上节油箱扣上时,操动杆的锥形头部自行进入开关升高座内。动静触头在上、下极限位置时有定位装置。当对操动机构上的位置指示有怀疑时,可转动手柄到上或下的极限位置,可判断出正确定位。旧型号的 WD 型分接开关的动触头为环形触头,与圆形定触柱相接触;新型 WD 型分接开关的动触头改为楔形触头,增加了接触的可靠性。

### (三)无励磁分接开关的型号表示

无励磁分接开关的型号表示如下:

①W 表示无励磁调压。

②S 表示三相,D 表示单相。

③L 表示笼型,P 表示盘型,G 表示鼓型,T 表示条型。

④用大写罗马数字表示调压位置,Ⅰ 表示线端调压,Ⅱ 表示中部调压,Ⅲ 表示中性点调压。

⑤用数字表示额定电流(A)。在斜线后面依次表示电压等级、分接头数和分接位置数等。

## 二、有载调压

有载调压是采用有载分接开关,能够在不切除负载的情况下,将变压器的绕组由一个分接头切换到另一个分接头的调压方式。有载调压主要是依靠过渡电路来实现调压时不中断供电的。根据完成过渡过程的方式不同,有载分接开关分为两种结构:一种称为组合型有载分接开关;另一种称为复合型有载分接开关。

### (一)有载分接开关电路的三个部分

为了更清楚地解释复合型有载分接开关和组合型有载分接开关的区别,先说明有载分接开关的三个部分:调压电路、选择开关和过渡电路。

**1. 调压电路**

简单地说,变压器绕组的调压分接抽头称为调压电路。

**2. 选择开关**

在调压时选择与调压电路某一分接抽头相连通的开关称为选择开关;也就是说,通过选择开关接通所需要的调压电路抽头,以达到调压的目的。

**3. 过渡电路**

有载分接开关在带负荷切换分接头时,必然要在某一瞬间同时连接调压电路的两个分接抽头,以保证负载电流的连续性,这时在这两个分接头之间会出现循环电流。为了限制循环电流,通过过渡电路在两个分接头之间临时串入阻抗。在切换分接头完成后,过渡电路即被断开,阻抗脱离运行。

过渡电路的阻抗如果采用电抗,则称为电抗式有载分接开关;如果采用电阻,则称为电阻式有载分接开关。电阻式有载分接开关又分为双电阻式、四电阻式等。目前电抗式有载分接开关用得较少,常用的切换开关为双电阻式过渡电路。

### (二)组合型有载分接开关

组合型有载分接开关是指有独立的选择开关和过渡电路(切换开关),二者分开设置,然后又组装成统一的有载分接开关。这种分接开关称为组合型有载分接开关,简称有载分接开关,型号表示为 ZY,即"组合""有载"的意思。如果用电阻作为过渡电路,那么这种有载分接开关称为电阻式有载分接开关。

组合型有载分接开关工作原理图如图 2-3 所示。图 2-3(a)表示切换分接头之前的原有调压电路抽头位置。图中表示三相电路中的 A 相,调压抽头位置在第四挡:A 相绕组电流从首端 A 出发,经抽头 4 至双数选择开关 S 的动、静触头,再到达切换开关 K,经静触头 K 至动触头接通,再经过 A 相绕组的末端 X 成回路。图 2-3(b)表示过渡过程。为了将图 2-3(a)中的抽头位置 4 调到抽头位置 3,首先由单数选择开关 $S_1$ 将动触头调到与调压抽头 3 接通,然后转动切换开关 K,使其动触头从 $K_1$ 的位置切换到 $K_4$ 的位置,切换过程如图 2-4 所示。图 2-4(a)的位置相当于图 2-3(a)的切换开关位置,图 2-4(g)的位置相当于图 2-3(c)的切换开关完成调压切换后的位置,图 2-4(b)~(f)是切换开关的切换过程。

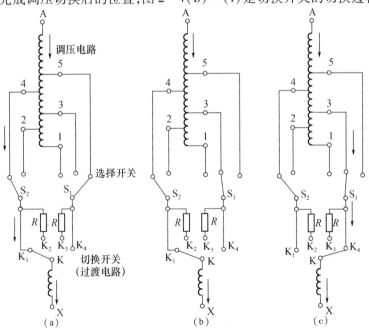

图 2-3　组合型有载分接开关工作原理图

这一系列对切换开关工作过程的分解可以说明,变压器绕组中的负荷电流始终是流通的,没有形成间断。只是在图2-4(d)的一瞬间调压回路抽头4和抽头3同时接通,与两个电阻R串联流过循环电流。由于电阻R的存在,这个循环电流被限制在某一允许的范围内,不致将变压器绕组烧伤。

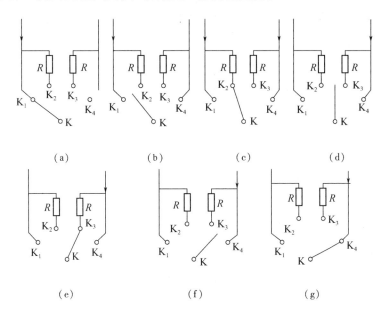

图2-4　组合型有载开关切换开关的切换过程

由上面介绍可知,选择开关必须有$S_1$、$S_2$两部分,分别对应调压抽头的单数抽头和双数抽头。其中只有一个开关是接通电路的,如图2-3(a)中的开关$S_2$,另一个开关$S_1$则处于不通电的待命状态。当需要切换分接头位置时,首先利用这个处于待命状态的选择开关换接到需要采用的调压抽头上(图中为抽头3)。在选择抽头过程中,选择开关$S_1$并没有电流流过。只有在切换开关K进行过渡过程的切换后,选择开关$S_1$才接通电流,然后$S_2$断开电流,如图2-3(c)所示。

### (三)复合型有载分接开关

复合型有载分接开关没有单独的切换开关,将过渡电路和选择开关合二为一,所以称为复合型有载分接开关,简称有载分接选择开关。有载分接选择开关一般用双电阻作为过渡电路,其动作过程图如图2-5所示。图中是调压抽头从分接4~5串联,调节到分接抽头6~5串联的动作过程。在整个切换分接头的过程中,负荷电流$I$始终没有中断,保持了连续供电。在切换过程中,串接于两个辅助触头的过渡电阻R的任务是限制在调压瞬间被短接的线圈中的循环电流。

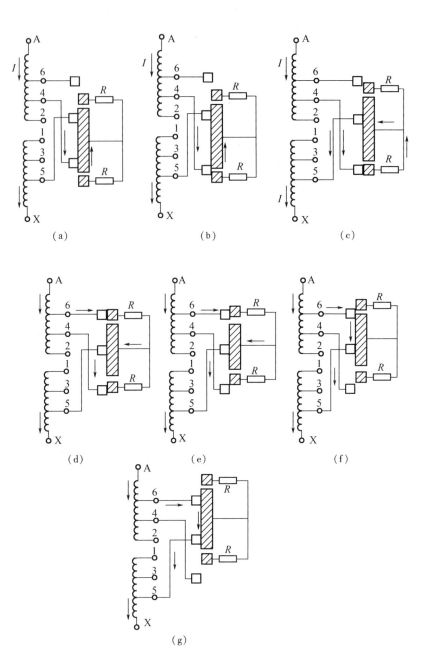

图 2 - 5　有载分接选择开关动作过程图

# 第三节 变压器油

## 一、变压器油的概述

变压器用的绝缘油主要是从石油中制取的变压器油。虽然有些合成油也能起到与变压器油相同的作用,但是由于价格过高,并未推广使用。

在从石油中制取变压器油时,对原油进行蒸馏、硫酸精制和白土净化等操作,除去油中的石油酸、树脂和硫等有害物质,脱蜡、干燥并加入抗氧化剂等化学药剂,即可制成变压器油。

变压器油箱里充满变压器油。一方面,变压器油可以起到绝缘介质的作用,使变压器的导电部分对地、相间和绕组的匝间保持良好的绝缘,防止空气(特别是潮湿)对绝缘造成影响;另一方面,变压器油作为冷却介质,通过循环把变压器器身芯部产生的热量带走,通过油箱及散热器等将热量散发到周围环境中。

## 二、变压器油的防潮与抗劣化

对于油浸变压器,为了保持良好的绝缘性能,必须做好变压器油的防潮与抗劣化(即防止变压器油氧化)工作。通常采取以下装置。

### (一)吸湿器(空气过滤器)

吸湿器可以使油免受空气中水分和杂质的影响,它安装在变压器油枕的呼吸器管路上。吸湿器是一个圆形的玻璃容器,上端通过联管接通到油枕中的油面上;下端是空气的进出口,通过油封与大气相通,可以起到呼吸作用。在容器内装满硅胶或活性氧化铝等吸潮物。吸湿器的工作原理如下:当变压器温度降低时,绝缘油体积收缩,油枕中油位下降,吸湿器下部油封中的油位发生变化;当油封外部油腔中的油位继续下降到露出油阀中的圆柱形筒的边缘时,外部空气突破油阀,通过吸潮装置过滤后进入油枕,空气中的潮气和杂质即吸附在吸湿器中的吸潮剂上;当变压器温度升高时,变压器油体积膨胀,对油枕中的空气产生压力,其过程与上述过程相反。一般情况下,吸湿器悬挂在油枕下方。

吸湿器中的吸潮剂为具有强力吸潮功能的球状、棒状或不规则块状的多孔性固体物质。吸潮剂因长时间使用受潮后,吸附效率降低,必须更换新品或者进行再生处理。吸潮剂再生采用烘焙方法,如利用电热炉、干燥炉或热风炉等设备脱水再生。不同种类的硅胶,其烘焙温度也不同:一般粗孔硅胶为 400 ~ 500 ℃;细孔硅胶不高于 250 ℃;蓝色硅胶不高于 120 ℃。由于硅胶传热性能较差,因此烘焙时硅胶堆积厚度最好为 20 ~ 50 mm。当硅胶烘焙至原来的色泽时,即可认为再生完毕。

为了提高吸潮性能,硅胶最好用氯化钙溶液浸渍;但用氯化钙溶液浸渍过的硅胶呈白色,受潮后不易判别。为了指示硅胶的受潮程度,可以采用变色硅胶。变色硅胶必须采用氯化钴溶液浸渍,使其呈现浅蓝色。变色硅胶的吸潮性能不如白色硅胶,因此,变色硅胶的使用量不必太大,可将其装在吸湿器便于观察的地方。当变色硅胶从浅蓝色变为粉红色时,证明吸湿器中的硅胶已受潮,必须更换或干燥处理。

如用活性氧化铝作为吸潮剂,再生处理时,可用电热炉把活性氧化铝加温至 450 ~ 500 ℃,直至恢复白色为止。加温时要严格控制温度,不要使温度超过 500 ℃。

### (二)净油器(油的防老化装置)

油浸变压器的净油器是一个充有吸附剂的圆形金属容器。和吸湿器一样,净油器里的吸附剂也是硅胶或活性氧化铝。不同的是,净油器如同散热器一样,装配在电力变压器油箱的侧面,上、下有两个流通管路,分别通过油阀门与变压器的上部油箱和下部油箱连通。在变压器运行时,由于上层油的温度比下层油的温度高,在温差的作用下,绝缘油从上部油管进入净油器,流经吸附剂,然后从下部油管又流进变压器油箱。在这一流动过程中,油中的水分、杂质和酸、氧化合物被吸附剂吸附,从而使绝缘油净化,防止油老化,延长了变压器的运行寿命。为了防止油在流动时把净油器中的吸附剂带入变压器油箱内,在净油器的上、下管道进出口装有细密的过滤网。

上面介绍的净油器是依靠变压器上、下层油温之差引起油循环流动的原理工作的,因此也称为热虹吸过滤器。还有一种依靠油泵使绝缘油强制循环,流经净油器,以达到净油目的的净油装置,称为强油循环净油器。这种净油器的工作状态与油泵的压力有关,与变压器上、下层油温的温差无关。对于采用强迫油循环冷却方式的变压器,一般在其冷却系统内安装强油循环净油器,以达到净化油质的目的。

净油器中吸附剂的用量可按油的总量确定。当使用除酸硅胶时约为变压器油总重的 0.75% ~ 1.25%,当使用活性氧化铝时约为变压器油总重的 0.5%。

为了能及时检查净油器中的吸附剂是否已失效,可将净油器的上、下阀门关闭,隔离一昼夜,然后对变压器本体和净油器内油同时采样做酸值测定。如果两者的酸值接近,则吸附剂已接近失效;如果净油器内油的酸值比变压器本体内油的酸值低得多,则吸附剂尚未失效。

《油浸式电力变压器技术参数和要求》(GB/T 6451—2015)规定,变压器容量在 3 150 kV·A 及以上时,必须装设净油器;小于 3 150 kV·A 的变压器无此要求。

## 三、混油注意事项

当变压器中的油位降低时,需要补油。在补充不同牌号的绝缘油或同牌号的新油与运行中的油混合使用前,必须做混油试验。

在正常情况下,混油时应注意以下几点:

①尽量使用同一牌号的变压器油。我国变压器油共有三个牌号:10 号(凝固温度为 – 10 ℃)、25 号(凝固温度为 – 25 ℃)和 45 号(凝固温度为 – 45 ℃)。选用同一牌号的油,可以保证其运行特性基本不变。

②混油双方都应采用同一种抗氧化添加剂,或者双方都不含抗氧化添加剂,又或者其中一方不含抗氧化添加剂。如果混油双方采用不同的抗氧化添加剂,则混合后可能出现化学变化,从而影响绝缘油的性能。

国产变压器油一般都使用 2,6 – 二叔丁基对甲酚做抗氧化添加剂,所以只要未添加其他抗氧化添加剂,油的牌号又相同,即可按任意比例混合使用。

③如果被混的运行中的油,其酸值、水溶性酸(pH 值)等反映油品老化的指标已接近不合格,则混油要慎重对待。此时应进行混油特性试验,合格后方可混油。因为运行中的油如果已严重老化,则油中的氧化物可能未沉淀出来,在加入新油后,可能反而会析出沉淀物,产生大量油泥,使绝缘油的性能变差。由此可见,如果运行油质已有一项或数项指标不合格,则应对油进行再生处理,而不允许利用混油方法来提高运行中的油的质量。

④进口油或来源不明的变压器油混油前必须先进行混油试验。只有在混油的质量不低于原运行油的质量或不低于相对较差的新油的质量,而且又都在合格范围内的情况下,方可混油。

## 四、油中溶解气体的分析与判断(气体色谱分析)

高电压、大容量的油浸变压器和高电压的油浸电磁式互感器,无论是在交接试验还是在预防性试验中,都有一个很重要的试验项目,那就是油中溶解气体色谱分析。特别是当这些电气设备可能存在某种缺陷、需要诊断时,气体色谱分析便是一个十分重要的测试方法。分析溶解于绝缘油中的各种气体的组分和含量,或分析存积在气体继电器内的气体组分和含量,能很快发现电气设备内部存在的局部过热或局部放电等潜在故障,为做出电气设备的故障判断提供可靠的依据。

油中溶解气体色谱分析是 20 世纪 70 年代开发的测试项目,由于该测试方法对分析充油电气设备内部缺陷起到重要作用,因此很快就成了高压充油电气设备绝缘试验时不可或缺的项目。下面对油中溶解气体色谱分析的采样、脱气、气体分析、试验结果的判断做简单介绍。

（一）采样

为了进行油中溶解气体色谱分析，必须从电气设备中取油样。取样部位的油应能代表油箱本体中的油，一般应在设备下部的取样阀门取油样；在特殊情况下，可以从不同的取样点取样。对大油量设备的取样量可为 50~250 mL；对少油量设备要尽量少取，够用即可。

取油样的容器应使用密封良好的注射器。当注射器充有油样时，芯子应能自由滑动，可以补偿油的体积随温度的变化，使内外压力平衡。

对于电力变压器等设备，如果在运行中可以取样，则应在运行中取样；如果需要停电取样，则应在停运后尽快取样，以免设备温度下降时负压进气。

设备的取样阀门应配上带有小嘴的连接器，在小嘴上接软管。取样前应排除取样管路中及取样阀门内的空气和死油。对于大油量设备，可用本体的油冲洗管路；少油量设备可不进行此步骤。取油样时油流应平缓。

如果用注射器取样，最好在注射器和软管之间接一金属小型三通阀。先转动三通阀，关闭注射器入口，将管路中死油经三通阀排掉。然后转动三通阀，使少量油进入注射器。接着转动三通阀，关闭管路，推压注射器芯子，排除注射器中的空气和油，以达到冲洗注射器的目的。继续转动三通阀，使充油设备中的油在静压力的作用下自动流入注射器。这时不要拉注射器芯子，以免吸入空气或对油样脱气。取到足够油样后，关闭三通阀和取样阀门，取下注射器，并用小胶头封闭注射器。在操作时，应尽量通过挤压排尽小胶头内的空气，并注意保持注射器芯子的清洁，以免卡涩。

如果不是从充油设备中取油样，而是从气体继电器内放气取样，则应在尽可能短的时间内取样。因为不同的气体有不同的回溶率，要避免气体含量分析的真实性受到影响。

在气体继电器上取气样时，应在继电器的放气嘴上套一小段乳胶管，乳胶管的另一头接一个小型三通阀与注射器连接。首先转动三通阀，利用气体继电器里的气体冲洗连接管路及注射器；然后转动三通阀，排空注射器；再转动三通阀取气样。取样后，关闭放气嘴，转动三通阀封住注射器管口。再取下乳胶管、三通阀，用小胶头封住注射器。操作时应尽可能排尽小胶头内的空气。取气时应注意不要让油进入注射器。

（二）脱气

在采回油样后，需要将溶解在油中的气体脱出。目前常用的脱气方法有真空法和溶解平衡法。真空法又分为真空泵法和水银托里拆利真空法。真空泵法又分为水银法、薄膜法、饱和食盐水法。目前普遍使用的溶解平衡法是机械振荡法。

机械振荡法操作简便,测试准确性与采用的换算系数(奥斯特瓦尔德系数)$K$值准确性有关。真空法的脱气率不完全相同,不同的真空度下脱气率也不同,会对分析结果造成影响。脱气操作不当会造成分析结果的误差,脱气装置密封不良也会造成分析结果的误差。

## (三)气体分析方法

气体自油中脱出后,应尽快转移到储气瓶或玻璃注射器中,并尽快进行分析,以免气体逸散影响测试结果。无论是从油中还是从气体继电器中得到的气样,均用气相色谱仪进行组分和含量的分析。分析对象为甲烷($CH_4$)、乙烷($C_2H_6$)、乙烯($C_2H_4$)、乙炔($C_2H_2$)、一氧化碳($CO$)、二氧化碳($CO_2$)、氢气($H_2$)7 种气体。此外,氧气($O_2$)和氮气($N_2$)虽不作为判断指标,但应尽可能分析。

习惯上,总烃是指甲烷(简称 $C_1$)和乙烷、乙烯、乙炔(这三种气体统称 $C_2$)四种气体的总和。丙烷($C_3H_8$)、丙烯($C_3H_6$)、丙炔($C_3H_4$)这三种气体简称 $C_3$。在计算总烃含量时,只计算 $C_1$、$C_2$,不计算 $C_3$,因此不要求对 $C_3$ 进行分析。

对气相色谱仪要求能分析上述各种气体的组分,并做定量分析。要有足够的灵敏度:乙炔体积分数不大于 $1 \times 10^{-6}$,氢气体积分数不大于 $10 \times 10^{-6}$。

实际上,油的体积和气体的体积都与温度及压力有关。但是油的体积随温度和压力的变化不大,一般可以不进行修正。对于脱出的气体则应换算到 101 325 Pa(即 0.101 325 MPa,等于 760 mmHg,等于一个标准大气压)、温度 20 ℃时的体积。其换算公式为

$$V = V_t \times \frac{p}{101\ 325} \times \frac{293}{272 + t} \qquad (2-5)$$

式中    $V$——脱出气体换算到压力为一个标准大气压(即 101 325 Pa)、温度为 20 ℃时的体积,mL;

       $V_t$——脱出气体在压强为 $p$(单位:Pa)、温度为 $t$ 时的实测体积,mL。

在填写试验记录时,如果未测出数据,则以"O"表示;如果小于 $0.5 \times 10^{-6}$,则以"痕量"表示;如果大于或等于 $0.5 \times 10^{-6}$ 时,则记录实测数据。

油中溶解气体色谱分析由于从取样到取得分析结果之间的操作环节较多,因此可能带来较大误差。为此,对分析结果的重复性和再现性提出要求。在同一实验室对一种油样的两次试验结果,相差不应大于10%(如含量在 $10 \times 10^{-6}$ 以下时,相差不应大于 $1 \times 10^{-6}$);如果是不同实验室,则相差不应大于30%。

## (四)试验结果的判断

**1.概述**

油浸电气设备正常运行的老化过程,产生的气体主要有 CO 和 $CO_2$。如果在

油纸绝缘中存在局部放电,油会发生分解,产生 $H_2$ 和 $CH_4$。如果变压器油过热,则会产生 $CH_4$;如果严重过热,则会产生 $C_2H_6$、$C_2H_4$。当电气设备内电弧放电,电弧弧道温度高达 1 000 ℃ 以上时,会产生较多的 $C_2H_2$。如果故障涉及固体绝缘材料,则会产生较多的 CO 和 $CO_2$。油中溶解气体组分与故障类型的关系见表 2−1。

表 2−1　油中溶解气体组分与故障类型的关系

| 序号 | 主要气体组分 | 次要气体组分 | 故障类型 |
|---|---|---|---|
| 1 | 氢气($H_2$) | — | 进水受潮或油中有气泡 |
| 2 | 一氧化碳、二氧化碳(CO、$CO_2$) | — | 油老化 |
| 3 | 甲烷($CH_4$) | 乙烯($C_2H_4$) | 油过热 |
| 4 | 甲烷、乙烯、一氧化碳、二氧化碳($CH_4$、$C_2H_4$、CO、$CO_2$) | 氢气、乙烷($H_2$、$C_2H_6$) | 油纸严重过热 |
| 5 | 氢气、甲烷($H_2$、$CH_4$) | 乙炔、一氧化碳、乙烷($C_2H_2$、CO、$C_2H_6$) | 油纸绝缘局部放电 |
| 6 | 甲烷、乙炔、氢气($CH_4$、$C_2H_2$、$H_2$) | — | 油中火花放电 |
| 7 | 氢气、乙炔、甲烷($H_2$、$C_2H_2$、$CH_4$) | 乙烯、乙烷($C_2H_4$、$C_2H_6$) | 油中电弧 |
| 8 | 氢气、乙炔、一氧化碳、二氧化碳($H_2$、$C_2H_2$、CO、$CO_2$) | 甲烷、乙烷、乙烯($CH_4$、$C_2H_6$、$C_2H_4$) | 油和纸中电弧 |

《变压器油中溶解气体分析和判断导则》(DL/T 722—2014)规定,当运行中设备内部油中气体体积分数超过表 2−2 所列数值时,应引起注意。

表 2−2 不适用于从气体继电器放气嘴取出的气样。油中溶解气体的组分及其体积分数达到表 2−2 中的数值时,并不说明设备一定已经存在故障,但应引起注意,进行综合分析。一般不应仅根据气体组分及其体积分数就匆忙下结论,而是要监测各气体组分的产气速率,认真分析。

表 2 - 2　油中溶解气体体积分数

| 设备 | 气体组分 | 体积分数 |
|---|---|---|
| 变压器和电抗器 | 总烃 | $150 \times 10^{-6}$ |
| | 乙炔 | $5 \times 10^{-6}$ |
| | 氢气 | $150 \times 10^{-6}$ |
| 互感器 | 总烃 | $100 \times 10^{-6}$ |
| | 乙炔 | $2 \times 10^{-6}$（110 kV 及以下） $1 \times 10^{-6}$（220 kV 及以上） |
| | 氢气 | $150 \times 10^{-6}$ |
| 管道 | 甲烷 | $100 \times 10^{-6}$ |
| | 乙炔 | $5 \times 10^{-6}$ |
| | 氢气 | $500 \times 10^{-6}$ |

当故障涉及固体绝缘时,会引起 CO 和 $CO_2$ 体积分数的明显增长。但固体绝缘正常老化也会产生 CO 和 $CO_2$。因此,即使这些气体的体积分数很大,也不一定就是存在故障,应结合总烃体积分数是否超标综合判断。

**2. 判断故障的三比值判断法**

《变压器油中溶解气体分析和判断导则》推荐采用三比值法判断充油电气设备故障性质,在实践中证明应用此方法十分有效。国际电工委员会也推荐应用此方法。所谓三比值法,是指在 5 种特征气体中,根据 3 对气体的比值来判断充油电气设备的故障性质的方法。5 种特征气体分别是 $H_2$、$CH_4$、$C_2H_2$、$C_2H_4$、$C_2H_6$。将这 5 种气体在油中的体积分数按 $\dfrac{\varphi[C_2H_2]}{\varphi[C_2H_4]}$、$\dfrac{\varphi[CH_4]}{\varphi[H_2]}$、$\dfrac{\varphi[C_2H_4]}{\varphi[C_2H_6]}$ 算出三组比值,并采用编码来表示这些比值的大小关系,按照编码的数值规律做出充油电气设备故障性质的判断。三比值法的编码规则见表 2 - 3,用三比值法判断故障见表 2 - 4。

表 2 - 3　三比值法的编码规则

| 特征气体的比值 | 比值编码 | | |
|---|---|---|---|
| | $\dfrac{\varphi[C_2H_2]}{\varphi[C_2H_4]}$ | $\dfrac{\varphi[CH_4]}{\varphi[H_2]}$ | $\dfrac{\varphi[C_2H_4]}{\varphi[C_2H_6]}$ |
| <0.1 | 0 | 1 | 0 |
| 0.1 ~ 1 | 1 | 0 | 0 |

续表 2 – 3

| 特征气体的比值 | 比值编码 | | |
|---|---|---|---|
| | $\dfrac{\varphi[C_2H_2]}{\varphi[C_2H_4]}$ | $\dfrac{\varphi[CH_4]}{\varphi[H_2]}$ | $\dfrac{\varphi[C_2H_4]}{\varphi[C_2H_6]}$ |
| 1 ~ 3 | 1 | 2 | 1 |
| >3 | 2 | 2 | 2 |

表 2 – 4 用三比值编码判断故障

| 序号 | 故障性质 | 比例编码 | | | 举例 |
|---|---|---|---|---|---|
| | | $\dfrac{\varphi[C_2H_2]}{\varphi[C_2H_4]}$ | $\dfrac{\varphi[CH_4]}{\varphi[H_2]}$ | $\dfrac{\varphi[C_2H_4]}{\varphi[C_2H_6]}$ | |
| 0 | 无故障 | 0 | 0 | 0 | 正常老化 |
| 1 | 低能量密度局部放电 | 0 | 1 | 0 | 含气空腔中的放电 |
| 2 | 高能量密度局部放电 | 1 | 1 | 0 | 含气空腔放电已波及固体绝缘 |
| 3 | 低能量放电 | 1 ~ 2 | 0 | 1 ~ 2 | 不同电位间火花放电,或固体材料间油隙击穿 |
| 4 | 高能量放电 | 1 | 0 | 2 | 有工频续流的放电,相间、对地或匝间击穿 |
| 5 | 低于 150 ℃ 的过热故障 | 0 | 0 | 1 | 通常是包有绝缘层的导线故障 |
| 6 | 150 ~ 300 ℃ 低温过热故障 | 0 | 2 | 0 | 铁芯局部过热,铁芯和外壳环流,铁芯两点接地短路,裸金属过热 |
| 7 | 300 ~ 700 ℃ 中等温度过热故障 | 0 | 2 | 1 | |
| 8 | 高于 700 ℃ 高温过热故障 | 0 | 2 | 2 | |

# 第三章　变电器主要设备技术

正确选用变压器,对变电所的安全运行和经济运行,以及对供电电压质量和供电的可靠性都有十分重要的作用。本章主要介绍选用变压器时应遵循的原则,以及变压器的结构和主要技术规范。

## 第一节　高压断路器运行技术

### 一、断路器运行维护的一般要求

#### (一)一般要求

(1)断路器的技术参数必须满足装设地点运行工况要求,如额定电压、额定电流、断路容量等。

(2)断路器的分、合闸指示器应指示正确,且易于观察。

(3)断路器接线板的连接处应有监视温度的措施,如示温蜡片等。

(4)油断路器的油位指示器在运行中应易于观察,且绝缘油的牌号、性能应满足当地最低气温的要求。

(5)真空断路器应配有限制操作过电压的保护装置。

(6)六氟化硫($SF_6$)断路器应装有监视气体压力的密度继电器或压力表,同时应具有 $SF_6$ 气体补气接口。

#### (二)对操动机构的基本要求

(1)操动机构脱扣线圈的端子动作电压应满足:高于额定电压的65%时,操动机构的脱扣机构应可靠动作;低于额定电压的30%时,操作机构的脱扣机构应不动作。

(2)采用电磁操动机构时,对合闸电源要求在合闸过程中电压稳定;而且在合闸线圈通流时,合闸线圈端子电压应不低于额定电压的80%,且不应高于额定电压的110%。如果额定闭合电流大于或等于50 kA,合闸线圈通流时端子电压应不低于额定电压的85%。

(3)采用液压操动机构时,应具有防"失压慢分"的装置,并配有防"失压慢分"的机构卡具,以防止液压因某种原因降到零、重新启动油泵打压时,造成断路器缓慢分闸。

### (三)断路器正常运行时的巡视检查

(1)巡视检查周期。有人值班的变电所每天应巡视至少一次;无人值班的变电所一般每月应巡视至少两次。

(2)正常巡视检查项目。分、合闸位置指示正确,内部无响声,引线无过热现象。油断路器油位、油色无异常,无渗漏油。无放电声,瓷套无裂纹,构架接地完好。真空断路器真空灭弧室无异常。六氟化硫断路器检查 SF$_6$ 气体压力是否正常。电磁操动机构应无冒烟和异味,加热器应完好。液压机构应无渗漏油,油箱油位应正常,油压应在允许范围内,加热器应完好。弹簧操动机构储能电动机的电源闸刀或熔丝应在闭合位置,分、合闸线圈应无冒烟和异味。断路器在分闸备用状态时,分闸连杆应归位,分闸锁应扣到位,合闸弹簧应储能。

(3)断路器的特殊巡视。新设备投运后应加强巡视,巡视周期相对缩短。投运 72 h 以后转入正常巡视。夜间闭灯巡视,有人值班变电所应每周一次;无人值班变电所应每两个月一次。气象突变或雷击后,应增加巡视次数。高温季度、高峰负荷期间应加强巡视。

## 二、少油断路器的运行与维护

### (一)新安装或检修后的 SN 系列少油断路器投运前的工作

(1)将断路器的绝缘支撑、绝缘筒、绝缘拉杆的外表面擦拭干净。

(2)机械摩擦部分涂润滑油,拧紧各处螺帽。

(3)接地连线拧紧,保证接触良好。

(4)导电母线紧固螺栓应拧紧,断路器不得有来自外部的机械应力(如来自连接母线的机械应力)。

(5)拆除铅封,打开上帽,注入试验合格、符合要求的绝缘油。使油面保持在油标的中间位置,然后装好上帽,手动或电动分合几次,如果发现油位下降,应通过上帽上的注油螺钉再补充一些油。

(6)操作机构的合闸线圈应有适当的熔断器保护。

(7)新安装或检修后的 SN 系列断路器应进行交接试验,合格后方可投入运行。

### (二)SN10 – 10 系列少油断路器检修周期和项目

SN10 – 10 系列少油断路器首次投运一年后应进行一次大修,之后每 2 ~ 3 年大修一次,每1年小修一次。断路器大修后未超过半年者可不进行小修。

SN10 - 10系列少油断路器在开断短路故障后,如果发现绝缘油已变色,则应进行临时性检修;如果绝缘油未明显变色,则根据开断短路电流的大小,一般在开断短路电流3～10次后应进行临时性检修。开断短路电流越大,允许开断次数越少。

SN10 - 10系列少油断路器的大修项目为:断路器分解检修;框架检修;传动连杆检修;电磁操动机构分解检修;调整与试验;缓冲器分解检修;更换绝缘油。小修项目为:根据存在缺陷进行针对性处理;外部清扫、检查,接线端子螺栓紧固,电气控制回路端子检查、紧固,电磁操动机构检查、清扫、注油,传动检查和操作试验,分、合闸电压测定。

临时性检修内容主要是根据开断短路电流次数及开断正常负荷的次数,检查动、静触头并换油,并根据需要进行其他检修和试验。

### (三)SN10 - 10系列少油断路器的其他性能

SN10 - 10系列少油断路器在额定操作电压时,合闸时间不超过0.2 s,固有分闸时间不超过0.06 s,燃弧时间不超过0.02 s。对于机械稳定性,SN10 - 10 Ⅰ、Ⅱ为2 000次,SN10 - 10Ⅲ为1 050次。对于三相油重,SN10 - 10 Ⅰ为6 kg,SN10 - 10Ⅱ为8 kg,SN10 - 10Ⅲ为9～13 kg(根据容量而定)。

SN10 - 10 Ⅰ的刚合速度(在额定操作电压下)应大于3.5 m/s,SN10 - 10 Ⅱ和SN10 - 10Ⅲ的刚合速度均应大于4 m/s。在额定操作电压下的刚分速度均为(3 ± 0.3)m/s。分闸时弹簧缓冲器的缓冲板与套筒的间隙为(20 ±2)mm,合闸时为(4 ±2)mm。断路器空载操作时65%额定电压(在合闸线圈通电流时线圈的端电压)应能可靠合闸。

### (四)少油断路器的完善化

从1970年起,我国最初设计制造的SN10 - 10系列少油断路器刚分速度为5 m/s。由于刚分速度过快,灭弧室灭弧效果又不理想,开关的上盖帽结构不够合理,排气速度过快,在开断短路电流时,从开关上部定向排气孔排出的大量炽热油气易造成外部相间闪络,扩大事故影响。这种少油断路器结构习惯上称为"大排气"结构,后来停止生产。对原已使用的大排气开关则更换上帽装配、更换分离器、更换回油阀,并更换灭弧室的灭弧片,增强灭弧能力。对静触座上的绝缘套筒和逆止阀也做了改进,特别是刚分速度从5 m/s降低到了3 m/s,具体办法是将原有的四根分闸弹簧拆掉两根,换上两根弹簧缓冲器。

与10 kV少油断路器相似,66 kV户外型少油断路器也有一个完善化改造的过程。我国早期生产的66 kV少油断路器型号为SW2 - 60,20世纪70年代中期以后对产品做了改进,型号也改为 SW2-60G。SW2-60G 经过运行后被证明存在不少缺点,例如:上帽盖密封不够严密,易进雨水;中间接线柱易渗油;内外拐臂结合不良,影响有关参数的测量;内拐臂、水平拉杆等机械强度不够;上、下放油阀易漏油;开关操作时上帽易喷油;配液压机构时不能防止慢分等。从 1981 年起,制造厂就在逐步寻求改进方案,直到 1987 年 1 月,累计 40 多项改进全部付诸实施。1987 年 2 月起,停止生产 SW2-60G,开始生产 SW2-63Ⅰ、SW2-63Ⅱ型少油断路器。SW2-63Ⅰ、SW2-63Ⅱ克服了 SW2-60G 的诸多缺点,并通过了严格的产品形式试验,可在最高 72.5 kV 的工作电压下开断 25 kA 短路电流,在额定电压下开断容量不小于 2 500 MV·A。其中 SW2-63Ⅰ型供配液压操动机构使用,SW2-63Ⅱ型供配电磁操动机构使用。

对 1987 年之前已生产并已投运的 SW2-60G 型少油断路器,需要进行现场完善化改造。完善化项目分为必改项目和选改项目。按必改项目完善化后的 SW2-60G 型少油断路器,可以保证原有开断电流 20 kA;对配 CY5 液压机构的 SW2-60G 型少油断路器而言,若必改项目和选改项目全部完成,则其各种参数和性能均可达到 SW2-63Ⅰ的水平,额定开断电流可达 25 kA。

由于自 1981 年以来,制造厂生产的 SW2-60G 型少油断路器已逐年逐步增加实施完善化项目,所以此后生产的这类少油断路器需要完善化改造的项目与该产品出厂日期有关,应按制造厂的具体规定进行。早期生产的 SW2-60 型少油断路器不具备增容条件,不列入完善化改造的对象之内。这类断路器的允许断流容量与铭牌规定不尽相同,也与出厂日期有关。

## 三、真空断路器的运行与维护

### (一)新安装或检修后的真空断路器的验收试验

新安装或检修后的真空断路器,必须经过交接试验,合格后方可投入运行。试验项目包括:测量绝缘拉杆的绝缘电阻,测量每相导电回路的电阻,交流耐压试验,测量断路器的分、合闸时间,测量断路器主触头的分、合闸同期性,测量断路器合闸时触头的弹跳时间。试验合格后方可投入运行。

### (二)真空断路器运行中的性能监测

#### 1.触头开距和触头磨损

真空灭弧室的触头开距,10 kV 断路器常取 8~16 mm,35 kV 断路器常取 20~40 mm。在额定电压相同时,开断电流大的灭弧室开距宜取大些。真空断路器在运行中,由于分、合闸操作,触头有机械磨损;在切断短路电流时,触头也有烧损。触头允许磨损累计厚度一般不得超过 3 mm。触头的磨损情况可以通过测试断路器的行程加以判断。因此,每次进行断路器的调试时,对断路器的行程都应做好记录。投运前和投运后应定期测量行程;在开断短路故障一定次数后(如 5 次)还应测量超行程,根据测得的超行程进行判断。如果触头磨损达到 3 ~ 4 mm,应考虑更换灭弧管。

下面对触头开距及测试方法进行简单介绍:

(1)触头开距是指真空断路器中真空灭弧室的动触头由合闸状态运动至分闸状态的距离。

(2)额定开距的标准数值可由断路器的电压等级、所配用的真空灭弧室的技术条件、断路器的型号和技术参数等确定。额定开距越大,绝缘强度越高,但分、合闸操作时密封波纹管的运动量越大,使用寿命也会随之缩短。

(3)测试方法。在动导电杆上任选一点 A,然后在真空开关管固定件上任选一点 B,测定 A 在断路器分、合闸时相对于 B 所行走的路程,即可确定触头开距。

(4)触头开距的调整是指当测定触头开距与出厂说明要求不一致时,可根据说明书要求进行现场调整。其方法是旋转与真空开关管的动导电杆的连接件。若开距大,则松几扣;反之,则紧几扣。但应保证连接丝扣的连接可靠性。也可调整分闸限位器的厚度,但此方法仅适用于限位器为橡皮垫或毡垫的真空断路器。增加厚度能减小触头开距,反之则能增大触头开距。调整限位器厚度的方法仅适用于断路器生产厂家出厂时调整采用,使用单位现场调整时不宜采用。

此外,转动开关管一定角度也能对触头开距进行微量调节,此方法常用于同期性能调整。

(5)触头超行程是指断路器真空灭弧室的动触头由分闸位置运动至动静触头并接触后继续运动,断路器触头弹簧被压缩的长度。其测定方法是:测定断路器在分闸状态下触头弹簧的长度 $L_1$ 及在合闸状态下触头弹簧的长度 $L_2$,求二者之差。触头开距与超行程的和为总行程。

触头超行程的作用是:保证触头在一定程度磨损后,仍能保持一定的接触压力,保证可靠的接触;同时,在触头闭合时提供缓冲,减少弹跳;在触头分闸时,使动触头获得一定的初始加速度,减少燃弧时间。通常,真空断路器的超行程约为触头开距的 15% ~ 40% 。

**2. 真空灭弧室的真空度测试**

真空断路器的灭弧室必须具有良好的真空度,如果灭弧室漏气,真空被破坏,则容易引发事故。在日常运行中也无法观察灭弧室是否漏气。现场检验灭弧室真空度是否合格的最简便方法是对灭弧室进行额定开距下的动、静触头间工频耐压试验。试验时,电压从 0 升至 70% 额定试验电压,稳定 1 min,若无异常现象,再用 0.5 min 将试验电压均匀升至额定工频耐受电压,保持 1 min,无击穿现象即为合格。

在真空灭弧管进行动、静触头间耐压测试时,管内可能出现某种发光现象,特别是玻璃外壳的真空开关管。这些发光现象有的为淡青色的辉光,有的为运动着的火花,它们都与真空度无关,而与产品的结构、材料、内部清洁程度有关。只有当管内充满辉光(特别是充满紫红色或橘红色、黄白色的辉光)时,才能初步判定管内真空度存在问题。实际上,当真空管内存在明显的辉光时,试验电流就会向上冲击,真空开关管也就承受不了试验电压的考验。因此主要还是根据耐压试验时的表针电流是否突增、试验装置继电器是否跳闸来判断真空度是否合格。

为了确定真空度,真空开关管动、静触头间的耐压值应根据生产厂家的技术说明来确定。一般技术标准规定,10 kV 真空断路器真空灭弧室的动、静触头间应能耐受工频 42 kV 1 min 耐压。我国电力行业标准《交流高压断路器参数选用导则》(DL/T 615—2013)对断路器的额定绝缘水平规定如下:对中性点不接地系统,额定电压为 12 kV 的断路器(即 10 kV 系统内使用的断路器),断路器相对地、相间,断路器断口应能耐受 42 kV 1 min 工频耐受电压。但在现场试验时,人体应与之保持安全距离。

据厂家介绍,在对断路器断口间施加的工频耐压如果高达 42 kV 时,会出现 X 射线辐射,操作者与试品之间的距离应超过 2 m。如电压低于 30 kV,或者额定电压为 35 kV 的真空断路器在额定电压下,人体与之保持足够的电气安全距离,所产生的 X 射线很弱,对人体没有危害。

真空度测试也可以利用真空度测试仪进行。特别是真空断路器长期使用或长期存储需要了解其真空度变化情况,则最好利用真空度测试仪测试。测试时应将真空灭弧室从高压柜中取下。

**3. 真空断路器的寿命**

真空断路器的寿命分为真空寿命、机械寿命和电寿命。

真空断路器的真空寿命是指真空灭弧室在运行中或存放期间,漏气等原因导致真空度下降而不能运行,即为寿命耗尽。各制造厂家在其技术标准和产品说明书上都有标明,有的为 10 年,有的为 20 年,但这绝不意味着 10 年、20 年后就不能使用了。真空断路器的真空寿命是否真的耗尽,要看开关管内部的真空压力是否在允许工作范围之内。具体来说就是前面已经介绍过的真空灭弧室真空度测试。

真空断路器的机械寿命主要是指真空开关的承受操作次数,完成一个分、合操作便算一次。一般厂家提供的机械的寿命为 6 000 ~ 10 000 次。

真空开关的机械寿命主要取决于开关管的不锈钢波纹管的寿命。波纹管用非导磁不锈钢制造。非导磁不锈钢不易氧化,耐腐蚀性强,弹性不受制造过程中热处理的影响。真空开关机械寿命耗尽是指开关管不锈钢波纹管破裂,这时真空灭弧室漏气,不能使用。

真空开关的机械寿命受使用环境有无化学腐蚀性气体污染、温度是否过高,以及开关装配时有无过大扭力、是否直接去拧开关管本身等因素影响。

真空开关的电寿命是指额定短路电流开断次数和额定工作电流开断次数。真空开关的电寿命实际上与开关管触头在运行分、合闸操作时的磨损程度有关。当测得触头磨损超过允许值时,真空灭弧室的电寿命也就耗尽了,应立即进行更换。

### (三)真空断路器的过电压及其保护

**1. 过电压的类型分析**

真空断路器运行过程中,分、合闸操作可能会引发过电压。过电压的类型主要有截流过电压、多次重燃过电压、开断容性负载过电压和接通过电压等。

(1)截流过电压。

真空断路器在开断交流小电流时,当电流从峰值下降、尚未到达自然零点时,电弧即先熄灭,电流被突然中断,这就是截流现象。由于电流被突然中断,电流随时间的变化率$\dfrac{d_i}{d_t}$必然很大,电路中一般都存在电感,根据公式$e_l = l\dfrac{d_i}{d_t}$可知,必然会产生一个很大的自感电势。这种由截流现象在感性电路上产生的自感过电压称为截流过电压。

真空断路器在分闸时产生截流现象,主要是由于电弧电流较小时,电极从阴极斑点放出的金属蒸气很少,不足以维持电弧电流稳定地自然过零熄灭,从而引起电弧的提前熄灭,电流中断。

由以上分析可知,电流较大时,不容易发生截流过电压。

(2)多次重燃过电压。

真空断路器在投切较大容量的电容器组或感性负载时,虽不易发生截流过电压,却可能发生真空灭弧室电弧多次重燃过电压。

例如,当真空开关断开三相负载时,由于各相电弧电流过零时刻互差120°,有先有后。当触头刚一分闸时,其中某相适逢过零,电弧首先熄灭。但此时触头开距极小,而其余两相电弧尚未熄灭,于是其余两相的电压通过负载形成回路,加在此断口上,使其重新击穿电弧。这时根据电路的电容、电感参数,触头击穿重燃时可能流过高频电流。如果高频电流的幅值大于工频电流的瞬时值,那么就会出现高频电流零点。在高频电流零点又出现电弧熄灭而开断电流,使负载电容、电感发生高频电磁振荡,产生较高电压。

多次重燃过电压的变化频率取决于重燃电路的固有频率参数,通常可达数兆赫兹。重燃过电压因上升速度很快,对电机或变压器绕组间的绝缘危害极大,过电压值不需要很高也能使匝间绝缘破坏。好在多次重燃过电压发生的概率很小。

（3）开断容性负载过电压。

在开断电力电容器组时，断路器断口间电弧熄灭后又重新击穿，称为重击穿。重击穿引起的过电压最可能为 $3U_m \sim 4U_m$。

（4）接通过电压。

真空断路器在接通电路时，触头间开距逐渐缩小，在触头端面真正接触之前，要产生预击穿，触头间流过高频电弧电流。接着，高频电流过零时熄弧，有类似电路开断的情况，也会出现过电压。但是，一般来说，由于在接通过程中，触头开距逐渐减小，触头间的耐压水平逐渐降低，因此不会产生严重的过电压。

**2. 防止过电压的保护措施**

真空断路器在使用中会出现过电压，为了减小过电压产生的概率、降低过电压的数值，可采取以下措施。

（1）研究和制造低截流水平、低重燃率、高开断能力的真空断路器。

一般来说，采用导热系数低、饱和蒸气压高的金属材料制成的触头，其截流水平较低，对防止截流过电压有利。但这种材料制成的触头往往开断能力较差，为了提高这种材料的开断能力，需要应用横向磁场或纵向磁场触头，以此提高真空断路器的开断能力。

真空断路器在开断 10 kA 以上的短路电流时，如果采用普通的圆柱形触头，则由于电弧的作用，触头局部严重熔化而无法开断，于是先后发展了横向磁场触头和纵向磁场触头。

横向磁场触头的触头表面有三条阿基米德螺旋槽，在开断电流时，产生横向磁场驱使真空电弧不断在触头表面运动，以防止触头局部严重熔化。同时，电弧在运动中受电磁作用力向外扩散并熄灭。

纵向磁场触头的触头背面设置特殊的线圈，导电杆中的电流分成几路流过线圈，进入触头。电流流经线圈时产生纵向磁场，使电弧电流在电极表面均匀分布，避免局部过热，从而提高开断能力。

采用低截流水平的导电材料（如铜、铋、铝）制作触头，并采用纵向磁场，二者结合，既可提高开断能力，又可降低截流引起的过电压。

为了防止重燃或重击穿引起过电压，真空断路器触头在出厂前进行电流、电压老炼，在减少触头表面毛刺、提高光洁度等方面都能起到一定作用。

（2）负载端并联电容。

在感性负载端并上并联电容器，可以降低截流过电压的幅值，还可以减缓过电压的前沿陡度。用并联电容器保护变压器，一般可以在变压器高压端并接 0.1 ~ 0.2 μF 的电容器。

（3）负载端并联电阻 – 电容（RC 保护）。

把电阻与电容串联，作为保护元件，并联在负载进线端，可以抑制过电压。电容器既可减缓过电压的上升陡度,又可降低负载的波阻抗,因而可降低截流过电压。电阻的作用是消耗高频振荡的能量,有效地抑制截流过电压。对于 $R$ 和 $C$ 的参数选择,根据经验,$R$ 取 $100 \sim 200\ \Omega$,$C$ 取 $0.1 \sim 0.2\ \mu F$。

(4)采用并联避雷器。

目前,在真空断路器的负载端一般都采用对地并联氧化锌(ZnO)避雷器的方法来吸收过电压,使负载上承受的过电压得到抑制。氧化锌避雷器也称压敏电阻,是无灭弧间隙的避雷器。当正常工作电压作用时,电流很小,阻值很大。当电压升高至某一数值时,阻值剧降,电流突增,呈现稳压特性。氧化锌避雷器的伏安特性比普通碳化硅(SiC)避雷器的伏安特性具有更好的非线性电压饱和特性,如图 3-1 所示。采用氧化锌避雷器做过电压保护,要注意选型,其型号要与安装地点的电压、被保护设备的类型相匹配。最好安装放电计数器和磁钢棒,以便了解运行状况。

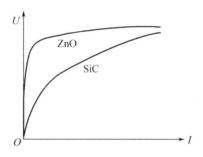

图 3-1　ZnO 与 SiC 伏安特性比较

并联避雷器能限制过电压的幅值,但不能减缓过电压的上升陡度。因此,如果采用电容器与普通避雷器并联的方法,由电容器来减缓过电压的上升陡度,则能取得更好的效果。

(5)串联电感。

在真空断路器与负载之间串联电抗线圈,用来抑制电弧重燃时的高频电流,从而降低过电压的上升陡度和幅值。如果在电感旁并联电阻 $R$ 组成 $L-R$ 过电压抑制器,则效果更好。电抗线圈应紧靠真空断路器输出端安装,以免影响保护效果。

## 四、六氟化硫断路器的运行与维护

### (一)新安装或检修后的六氟化硫断路器的验收试验

新安装或检修后的六氟化硫断路器,在交接试验合格后方可投入运行。试验项目包括:测量绝缘拉杆的绝缘电阻;测量每相导电回路的电阻;交流耐压试验;

测量断路器内 $SF_6$ 气体的微量水含量(微量水的测定应在断路器充气完成后的 24 h 后进行,与灭弧室相通的气室微量水体积比应小于 $150 \times 10^{-6}$,不与灭弧室相通的应小于 $250 \times 10^{-6}$),并做密封性试验(年漏气率应不大于 1%),试验合格后方可投入运行。

### (二)六氟化硫断路器运行中的监视

六氟化硫断路器运行中的巡视项目主要有:每日定时记录 $SF_6$ 气体压力和温度,如温度下降超过允许范围,应启用加热器;检查断路器各部分及管道有无杂音、异味,有无放电声音;检查引线有无局部过热,接地是否完好,断路器分、合闸指示是否正确。

操作六氟化硫断路器时,要注意气体压力应在规定的范围内。如果气体压力低于允许范围,则严禁对断路器进行停送电操作,并根据具体压力数值决定是否需要申请断开上一级断路器,将故障断路器退出运行。

### (三)六氟化硫断路器的绝缘监督

运行中的六氟化硫断路器应定期测量 $SF_6$ 气体的含水量,新装或大修后每三个月测量一次,待含水量稳定后可每年测量一次。运行中的灭弧气室20 ℃时的含水量不超过 $300 \times 10^{-6}$,其他气室不超过 $500 \times 10^{-6}$。

除了测量微水量,$SF_6$ 气体的压力是否符合要求也是一个重要的监督指标。如果气体泄漏超标,压力过低,则断路器的绝缘会出现问题,影响安全运行。

$SF_6$ 气体的质量标准见表 3 - 1。

表 3 - 1　$SF_6$ 气体的质量标准

| 杂质名称 | 国际电工委员会(IEC)标准 | 我国暂行标准 |
|---|---|---|
| 空气(氮、氧) | <0.05%(质量比)<br><0.25%(体积比) | ≤0.05% |
| $CF_4$ | <0.05%(质量比)<br><0.1%(体积比) | ≤0.05% |
| 水 | $<15 \times 10^{-6}$(质量比) | $\leq 8 \times 10^{-6}$ |
| 游离酸(用 HF 相对分子质量表示) | $<0.8 \times 10^{-6}$(质量比) | $\leq 0.3 \times 10^{-6}$ |
| 可水解氟化物(用 HF 相对分子质量表示) | $<1.0 \times 10^{-6}$(质量比) | $\leq 1.0 \times 10^{-6}$ |
| 矿物油 | $<1.0 \times 10^{-6}$(质量比) | $\leq 1.0 \times 10^{-6}$ |
| $SF_6$ 纯度 | — | ≥99.8% |

# 第二节　公用电网谐波及变电所滤波装置

有些用电设备(如电弧炼钢炉,硅整流设备,轧钢机,电镀、电焊、磁饱和设备等)的负荷电流都是非正弦波,且有的是不规则的冲击电流。这些非线性用电设备向电网注入谐波电流,使电网出现谐波电压。有的冲击负荷还引起电网电压波动和闪变,使公用电网其他用电设备的正常工作受到严重影响。因此,在具有大型冲击负荷的工厂变电所里,有时需要安装静止补偿器等滤波装置。

## 一、高次谐波对电网的危害

### (一)引起电网电压波形畸变

供电系统电网电压波形应为正弦波,谐波源向电网注入谐波电流,在电路阻抗上产生谐波电压降,与正弦波电压叠加,造成电网电压波形畸变,影响供电电能质量。

### (二)影响电力电容器正常运行

并联电容器的容抗与频率成反比。高次谐波的频率比基波大几倍,因此并联电容器受谐波作用时,容抗大大下降,这就导致电容器对谐波电压特别敏感。在高次谐波电压作用下,电容器出现严重过电流,导致温升过高,有时甚至出现电流放大和并联电流谐振,导致设备被烧坏。

### (三)影响其他电气设备的正常运行

高次谐波对电机也有影响,会导致旋转电机过热,影响发电机出力,有时还会导致电机、变压器等设备产生杂音。

### (四)对电子仪器和继电保护的正确工作造成影响

高次谐波对电子仪器和晶体管继电保护的工作特性造成影响,使误差增加、性能变差,可能造成误判断、误动作,特别是会对枢纽变电所的继电保护或铁路信号系统造成影响,一旦出现误动作则会造成严重后果。

### (五)对电力线路和通信线路的影响

高次谐波电流流经输配电线路时,可能引起串联谐振,导致线路过电压。如果输配电线路与通信弱电线路并行、距离较近,则输配电线路中流过高次谐波电流时有可能会对通信线路造成干扰,引起信号失真。

## 二、公用电网谐波电流允许值

由于高次谐波对电网有很大危害,我国 1984 年颁布了《电力系统高次谐波管理暂行规定》(SD 126—84),增加了对用电负荷中的高次谐波负荷的管理力度。通过试行总结经验后,于 1993 年经过修改颁布了《电能质量 公用电网谐波》(GB/T 14549—1993),对谐波电压限值、限波电流允许值做出了明确规定。公用电网公共连接点的全部用户向该点注入的谐波电流分量(方均根值)不应超过表3-2 中规定的允许值。当公共连接点处的最小短路容量与表中的基准容量不同时,可对表中的谐波电流允许值进行修正,即

$$I_h \frac{S_{k1}}{S_{k2}} I_{hp} \tag{3-1}$$

式中 $S_{k1}$——公共连接点的最小短路容量,MV·A;

$S_{k2}$——基准短路容量,MV·A;

$I_{hp}$——表 3-2 中的 $h$ 次谐波电流允许值,A;

$I_h$——短路容量为 $S_{k1}$ 时的第 $h$ 次谐波电流允许值,A。

表 3-2 注入公共连接点的谐波电流允许值  A

| 标准电压/kV | 基准短路容量/(MV·A) | 谐波次数 | | | | | | | | | | | | | | | | | | | | | | |
|---|---|---|---|---|---|---|---|---|---|---|---|---|---|---|---|---|---|---|---|---|---|---|---|---|
| | | 2 | 3 | 4 | 5 | 6 | 7 | 8 | 9 | 10 | 11 | 12 | 13 | 14 | 15 | 16 | 17 | 18 | 19 | 20 | 21 | 22 | 23 | 24 | 25 |
| 0.38 | 10 | 78 | 62 | 39 | 62 | 26 | 44 | 19 | 21 | 16 | 28 | 13 | 24 | 11 | 12 | 9.7 | 18 | 8.6 | 16 | 7.8 | 8.9 | 7.1 | 14 | 6.5 | 12 |
| 6 | 100 | 43 | 34 | 21 | 34 | 14 | 24 | 11 | 11 | 8.5 | 16 | 7.1 | 13 | 6.1 | 6.8 | 5.3 | 10 | 4.7 | 9.0 | 4.3 | 4.9 | 3.9 | 7.4 | 3.6 | 6.8 |
| 10 | 100 | 26 | 20 | 13 | 20 | 8.5 | 15 | 6.4 | 6.8 | 5.1 | 9.3 | 4.3 | 7.9 | 3.7 | 4.1 | 3.2 | 6.0 | 2.8 | 5.4 | 2.6 | 2.9 | 2.3 | 4.5 | 2.1 | 4.1 |
| 35 | 250 | 15 | 12 | 7.7 | 12 | 5.1 | 8.8 | 3.8 | 4.1 | 3.1 | 5.6 | 2.6 | 4.7 | 2.2 | 2.5 | 1.9 | 3.6 | 1.7 | 3.2 | 1.5 | 1.8 | 1.4 | 2.7 | 1.3 | 2.5 |
| 66 | 500 | 16 | 13 | 8.1 | 13 | 5.4 | 9.3 | 4.1 | 4.3 | 3.3 | 5.9 | 2.7 | 5.0 | 2.3 | 2.6 | 2.0 | 3.8 | 1.8 | 3.4 | 1.6 | 1.9 | 1.5 | 2.8 | 1.4 | 2.6 |
| 110 | 750 | 12 | 9.6 | 6.0 | 9.6 | 4.0 | 6.8 | 3.0 | 3.2 | 2.4 | 4.3 | 2.0 | 3.7 | 1.7 | 1.9 | 1.5 | 2.8 | 1.4 | 2.5 | 1.2 | 1.4 | 1.1 | 2.1 | 1.0 | 1.9 |

注:①标准电压为 220 kV 的公用电网可参照 110 kV 执行,但基准短路容量取 2 000 MV·A。

②公共连接点是指用户接入公用电网的连接处。

③同一公共连接点有几个用户时,每个用户向电网注入的谐波电流允许值按用户在该点的协议容量与公共连接点的供电设备容量之比进行分配。

当公共连接点上有两个及以上用户时,每个用户向电网注入的谐波电流允许值可按下式计算各自的分摊值。

$$I_{hi} - I_h (S_i / S_t)^{1/a} \tag{3-2}$$

式中 $I_h$——由式(3-1)计算得到的第 $h$ 次谐波电流允许值,A;

$S_i$——第 $i$ 个用户的用电协议容量，MV·A；

$S_t$——公共连接点的供电设备容量，MV·A；

$a$——相位叠加系数，按表 3－3 取值。

表 3－3　相位叠加系数

| $h$ | 3 | 5 | 7 | 11 | 13 | >13 奇次 |
|---|---|---|---|---|---|---|
| $a$ | 1.1 | 1.2 | 1.4 | 1.8 | 1.9 | 2 |

## 三、公用电网谐波电压限值

公用电网谐波电压限值见表 3－4。

表 3－4　公用电网谐波电压限值

| 电网标称电压 /kV | 电压总谐波畸变率 /% | 各次谐波电压含有率/% | |
|---|---|---|---|
| | | 奇次 | 偶次 |
| 0.38 | 5.0 | 4.0 | 2.0 |
| 6 | 4.0 | 3.2 | 1.6 |
| 10 | | | |
| 35 | 3.0 | 2.4 | 1.2 |
| 66 | | | |
| 110 | 2.0 | 1.6 | 0.8 |

## 四、三相电压不平衡度允许值

连接于公共接点的用电单位，如果有电弧炼钢炉等冲击性负荷或大容量三相不平衡负荷（如大容量单相炉），则会引起公共接点的电压不平衡。电压不平衡度是指三相电力系统中三相电压的不平衡程度，用电压负序分量与正序分量的方均根值百分比表示，符号为 $e$。例如，电弧炼钢炉应在熔化期测量。对于波动较小的负荷，取 5 次实测值的算术平均值；对于波动较大的负荷，多次进行测量（不少于30 次），将数据从大到小排列，舍弃前面 5%，取剩余实测值中的最大值。

电力系统公共连接点正常电压不平衡度允许值为 2%，短时间内不得超过 4%。接于公共接点的用户导致正常电压不平衡度允许值一般为 1.3%。

### 五、电压允许波动和闪变

具有冲击性的负荷(如电弧炉或轧钢机)会引起电力系统公共接点电压的波动和闪变,并引起人眼对灯闪的明显感觉。

电力系统公共供电点,由冲击性功率负荷产生的电压波动允许值见表 3-5。

表 3-5　电压波动允许值

| 额定电压/kV | 电压波动允许值 $U_t$/% |
|---|---|
| ≤10 | 2.5 |
| 35~110 | 2 |
| ≥220 | 1.6 |

电压波动允许值 $U_t$ 取电压调幅波中相邻两个极值电压均方根值之差,以额定电压的百分数表示。这里的调幅波是指工频 50 Hz 电压幅值包络线的波形。

电力系统公共供电点,由冲击性功率负荷引起的闪变电压值应不超过 $\Delta U_{10}$ 的允许值,见表 3-6。$\Delta U_{10}$ 是等效闪变值,其定义为:电压调幅波中不同频率的正弦波分量的均方根值等效为 10 Hz 的 1 min 平均值,以额定电压的百分数表示。

表 3-6　闪变电压 $\Delta U_{10}$ 允许值

| 应用场合 | $\Delta U_{10}$ 允许值/% |
|---|---|
| 对照明要求较高的白炽灯负荷 | 0.4 |
| 一般性照明负荷 | 0.6 |

$$\Delta U_{10} = \sqrt{\sum a_f \Delta U_{fl}} \qquad (3-3)$$

式中　$\Delta U_{fl}$——电压调幅波中频率为 $f$ 的正弦波分量 1 min 均方根值,以额定电压的百分数表示;

$a_f$——闪变视感系数,人眼对不同频率的电压波动引起灯闪的敏感程度。

$a_f$ 与 $f$ 的关系见表 3-7。

表 3-7　$a_f$ 与 $f$ 的关系

| $f$/Hz | 0.01 | 0.05 | 0.10 | 0.50 | 1.00 | 3.00 | 5.00 | 10.00 | 15.00 | 20.00 | 30.00 |
|---|---|---|---|---|---|---|---|---|---|---|---|
| $a_f$ | 0.026 | 0.055 | 0.075 | 0.169 | 0.260 | 0.563 | 0.78 | 1.00 | 0.845 | 0.655 | 0.357 |

### 六、静止补偿器的应用

用电设备中的炼钢电弧炉是极不稳定的负荷,其特点是冲击性大;而且三相之间、同一相的正负半波之间有功、无功负荷严重不对称。因此炼钢电弧炉既出现了严重的高次谐波电流,又引起了电源侧母线电压强烈闪烁,是污染电网、影响电能质量的一大危害。此外,炼钢电弧炉的大量无功电流会引起电网电压下降,对炼钢炉效率的正常发挥也会造成很大阻碍。因此,需要对炼钢电弧炉的用电负荷进行无功补偿、抑制谐波、维持电压稳定、防止电压闪烁等。这时仅仅采取普通的并联电容器加串联电抗器的方法是行不通的,因为炼钢炉的负荷变化十分频繁且十分迅速,电容器无法实现如此快速的频繁投切,因此必须采用无功负荷的动态补偿。

所谓无功负荷的动态补偿,是指能迅速、灵活地自动调节无功出力的补偿装置,其能够对变动着的无功负荷实行动态跟踪补偿。而普通的并联电容器则属于静态无功补偿。即使是安装了自动投切电容器的开关设备,也只能算作静态无功补偿,因为这种投切依然是电容器分组投切,无功补偿电流是跳跃式变化的,而且跟踪投切需要较长时间,不能做到快速跟踪。无功动态补偿能做到快速跟踪,无功电流调节平稳。随着无功负荷迅速地、不规则地变化,无功补偿电流也迅速地、无跳跃地跟踪变化。

无功动态补偿既有旋转机械型的(如同步调相机),又有静止型的(如晶闸管控制电抗器)。静止型无功动态补偿简称静补,符号为 SVC。

静补常用的方式为晶闸管控制电抗器和固定的电容器(兼滤波器)组合成的无功动态补偿装置,静音补偿器示意图如图 3-2 所示。图中,TCR 表示晶闸管控制电抗器,FC 表示兼作滤波器的固定电容器组。

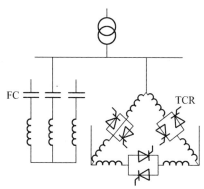

**图 3-2　静音补偿器示意图**

炼钢电弧炉在熔化初期的谐波电流较大,其中最多的是三次、二次和五次谐波,分别相当于基波电流大小的 20%、18% 和 13% 左右;其次是七次、六次和四次谐波,相当于基波电流大小的5%～10%。因此,兼作滤波用的电容器组必须有若干组,以便分别对二次、三次、四次、五次、六次、七次谐波进行滤波。在有些情况下,为了节省投资,只设置二次、三次、五次滤波装置即可。晶闸管控制电抗器只设置一套即可。

TCR回路中存在电抗器,通过控制晶闸管的导通角快速调节电抗电流。为了防止电抗电流变化时产生过电压事故,对电抗器和晶闸管分别设置氧化锌避雷器进行保护。

在炼钢电弧炉运行时,由兼作滤波用的固定电容器组分别对各次谐波进行滤波,并同时补偿无功电流。当电容器容性无功电流大于电弧炉的感性无功电流时,TCR装置中的控制方式使晶闸管导通,在TCR回路中流过电感电流,和电容器过补偿的容性电流相补偿。这样,通过自动控制装置,根据炼钢电弧炉电流的变化情况,迅速改变晶闸管的导通角,调节TCR的电感电流,使电弧炉的感性无功电流和TCR的电感电流之和略大于滤波电容器组的电容电流,使总电流功率因数为0.98～0.99。由于晶闸管改变导通角十分迅速,响应时间不超过10 ms,因此在防止因电弧炉冲击性无功负荷引起电压闪变方面能起到重要作用。

下面以某钢厂炼钢电弧炉静补装置的实际运行情况为例,进一步说明电弧炉电流、滤波电容器组电流和TCR电流三者之间的关系。该厂炼钢电弧炉供电系统的主接线图如图3-3所示。图中开关、刀闸、避雷器、互感器都省略不画,主要分析各元器件电流关系。下面是实测电流数值。

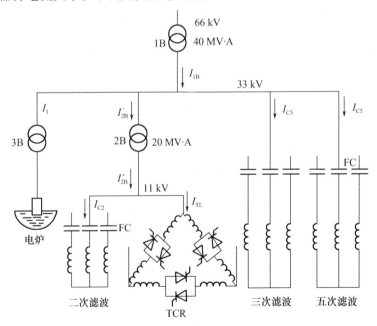

**图3-3 某钢厂电弧炉供电系统主接线图**

（一）1B、2B 投运；二次、三次、五次滤波电容投运；3B 停运（没有炼钢）。这时电流关系如下：

（1）五次滤波电流为 86 A，容性电流，三相平衡。

（2）三次滤波电流为 230 A，容性电流，三相平衡。

（3）二次滤波电流为 550 A，容性电流，三相平衡。

（4）TCR 三角形内电流为 820 A，感性电流，三相平衡。

（5）TCR 引出线电流为 1 400 A，感性电流，三相平衡。

（6）滤波变压器 2B 的二次电流 $I''_{2B}$ 为 850 A。

（7）滤波变压器 2B 的一次电流 $I'_{2B}$ 为 283 A。

（8）主变压器 1B 的二次电流为 30 A。

对上述电流可做以下分析：

（1）各次谐波滤波电容器组的电流大小取决于母线电压和滤波电容器的综合电抗。

（2）TCR 引出线电流为 1 400 A，是三角形内电流 820 A 的 $\sqrt{3}$ 倍，符合三角形接线线电流和相电流的数量关系（数据稍有出入，是仪表精度不同引起的误差）。

（3）滤波变压器 2B 的二次电流为 850 A，是 TCR 电流与二次滤波电流之差（1 400 A – 550 A = 850 A），因此是感性电流。滤波变压器 2B 的一次电流为 283 A，也是感性电流。

（4）主变压器 1B 的二次电流是图中 $I_{C3}$、$I_{C5}$ 之和（容性）与 $I'_{2B}$（感性）之差。根据计算可知电流为 33 A（86 A + 230 A – 283 A = 33 A），而仪表读数为 30 A，这是由仪表误差引起的。由于容性电流大于感性电流，因此 $I_{1B}$ 是容性电流。

（5）上述 TCR 电流是通过自动控制系统调节获得的，以实现流过主变压器的电流最小。上面实测结果为 30 A，基本达到了目标。

（二）炼钢电弧炉开始炼钢，变压器 3B 合闸送电。熔化期各部位的电流实测如下：

（1）炼钢电弧炉变压器 3B 一次电流 $I_f$ 在 800 ~ 1 000 A 范围内来回快速摆动，视在功率约为 50 MV·A。3B 一次侧的无功功率表读数约为 10 MVar。

（2）各次滤波器的电容电流基本不变，和炼钢炉未投运时一样。

（3）TCR 三角形内相电流在 400 ~ 600 A 范围内摆动，三角形引出线中的线电流在 700 ~ 1 000 A 范围内摆动，为感性电流。

（4）滤波变压器二次电流 $I''_{2B}$ 在 300 ~ 600 A 范围内摆动。

（5）滤波变压器一次电流 $I'_{2B}$ 在 100 ~ 200 A 范围内摆动。

（6）主变压器二次电流 $I_{1B}$ 在 550 ~ 800 A 范围内摆动。

对上述电流可做以下分析：

（1）各次滤波器的电流大小与母线电压和滤波器支路的综合电抗大小有关。

从这两点来看,如果电压基本不变,综合电抗也不变,则电流的数值大小与炼钢炉停运时相同。如果炼钢炉变压器负荷电流中 $n$ 次谐波电流较大,则 $n$ 次滤波器中的电流也应增大(因为有谐波电流流过)。从各次滤波器的电流在炼钢炉开炉前后近乎不变来看,炼钢炉负荷电流中的谐波电流并不大,因此滤波器回路电流无明显变化。

(2)炼钢炉开炉后,TCR 电流明显减少,这是因为炼钢炉负荷电流中有感性电流。此时的无功电流平衡是电炉变压器的感性无功电流和 TCR 的感性无功电流之和,与各次滤波器的容性无功电流平衡。因为容性无功电流是固定不变的,因此电炉变压器的感性无功电流越大,TCR 的感性无功电流越小。由此可见,在炼钢炉开炉前后 TCR 电流减小的数值,正是炼钢炉负荷电流中的感性电流数值,即 400 ~ 700 A。

(3)主变压器二次电流 $I_{1B}$ 所反映的实际上就是炼钢炉变压器一次电流 $I_f$ 中的有功电流分量的大小。因为主变压器负荷电流的功率因数已达到 0.98 ~ 0.99,因此 $I_{1B}$ 中的无功电流分量已十分微小。

由上述可知,TCR 与 FC 组成的静补装置对无功负荷的动态补偿跟踪十分灵敏。如果负荷电流中有较大的高次谐波电流,则由 FC 构成的滤波器也能将其吸引过来,以免它们向电源侧流去,对电力系统造成谐波污染。

从上面的例子还可以看出,有时炼钢电弧炉的负荷电流中谐波电流未必很大,但是其感性电流的冲击波动很大,采用静补装置可取得很好的动态无功补偿效果,对稳定电压、减小电压波动是很有效的。

# 第三节　防雷保护及接地装置技术

## 一、过电压种类

由于雷击或电力系统中的操作、事故等,某些电气设备和线路上承受的电压远远超过正常运行电压,设备或线路的绝缘遭到破坏。电力系统中这种危及绝缘的电压升高称为过电压。

过电压按引起的原因不同,分为大气过电压和内部过电压。雷电引起的过电压称为大气过电压(又称雷电过电压);电力系统中内部操作或故障引起的过电压称为内部过电压。

### (一)过电压分类

过电压分类如图 3 - 4 所示。大气过电压分为直击雷过电压和感应雷过电压;内部过电压分为工频过电压、操作过电压和谐振过电压。

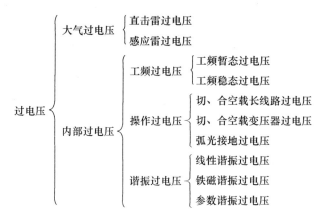

图 3 - 4　过电压分类

（二）大气过电压

雷电引起的过电压称为大气过电压。大气过电压分为直击雷过电压和感应雷过电压。直击雷过电压是指雷电直接对电气设备或线路放电,将电气设备或线路击毁的过电压事故。感应雷过电压是指雷电虽然没有直接击中电气设备或线路,但是由于大气中的雷云电荷作用,在电力系统的架空线路上感应出异种电荷。当雷云对地面或其他物体放电时,雷云电荷迅速流入大地,架空电力线路上的感应电荷由于失去雷云电荷的束缚而向两侧迅速流动。迅速流动的感应电荷形成雷电进行波,对电气设备的绝缘构成威胁,该波称为雷电侵入波。这就是感应雷过电压。架空电力线路和输变电设备附近发生打雷时,强大的雷电流通过电磁感应在电力线路和电气设备上也感应产生一个很高的电压,形成过电压,使电力线路和电气设备击穿损坏。这种过电压也称为雷电感应过电压(简称感应雷)。

防止直击雷过电压的措施是采用独立避雷针或避雷线;防止感应雷过电压的措施是安装避雷器或保护间隙。

## 二、直击雷过电压防护

为防止直接雷击电力设备,一般采用避雷针或避雷线。为防止直接雷击高压架空线路,一般多用架空避雷线(俗称架空地线)。

### (一)单支避雷针的保护范围

单支避雷针的保护范围如图 3 - 5 所示。图中,避雷针高为 $h$,避雷针在地面上的保护半径为 $1.5h$;在被保护物高度为 $h_x$ 时,$h_x$ 水平面上的保护半径 $r_x$ 按以下公式计算确定:

当 $h_x \geqslant h/2$ 时，有

$$r_x = (h - h_x)p = h_a p \qquad (3-4)$$

当 $h_x < h/2$ 时，有

$$r_x = (1.5h - 2h_x)p \qquad (3-5)$$

式中　$r_x$——避雷针在高度为水平面上的保护半径，m；

　　　　$h_x$——被保护物的高度，m；

　　　　$h_a$——避雷针的有效高度，m；

　　　　$p$——高度影响系数，当 $h \leqslant 30$ m 时，$p=1$；当 $30$ m $< h \leqslant 120$ m 时，$p = \dfrac{5.5}{\sqrt{h}}$。

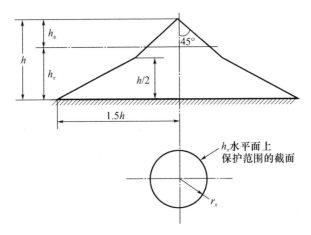

图 3-5　单支避雷针的保护范围

## (二)两支等高避雷针的保护范围

两支避雷针的高度都等于 $h$，它们的保护范围如图 3-6 所示。

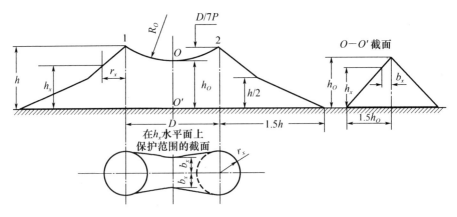

图 3-6　高度为 $h$ 的两等高避雷针的保护范围

图中 1、2 分别为两支等高避雷针,其保护范围按以下方法确定:

①两针外侧的保护范围应按单支避雷针的计算方法确定。

②两针间的保护范围应按通过两针顶点及保护范围上部边缘的最低点 $O$ 的圆弧确定,圆弧的半径为 $R_0$,$O$ 点离地高度为 $h_0$,有

$$h_0 = h - \frac{D}{7P} \qquad (3-6)$$

式中　$h_0$——两根避雷针间保护范围上部边缘最低点的高度,m;

　　　　$D$——两根避雷针间的距离,m;

　　　　$p$——高度影响系数,见式(3-4)和式(3-5);

　　　　$h$——避雷针高度,m。

两根避雷针间 $b_x$ 水平面上保护范围一侧的最小宽度(图 3-6)可按下式计算:

$$b_x = 1.5(h_0 - h_x) \qquad (3-7)$$

两根避雷针间距离 $D$ 与针高 $h$ 之比 $D/h$ 不宜大于 5。

### (三)多支避雷针的保护范围

**1. 三支等高避雷针的保护范围**

由三支避雷针构成的三角形外侧的保护范围,可分别按两支等高避雷针的计算方法确定。在三角形内侧,如果在被保护物最大高度 $h_x$ 水平面上,各相邻避雷针间保护范围的一侧最小宽度 $b_x \geq 0$,则全部面积都受到保护。

**2. 四支及以上等高避雷针的保护范围**

四支及以上等高避雷针形成四边形或多边形,可先将其分成两个或几个三角形,然后分别按三支等高避雷针的方法计算,如果各边保护范围的一侧最小宽度 $b_x \geq 0$,则全部面积都受到保护。

### (四)单根避雷线的保护范围

用单根避雷线保护发电厂、变电所,其保护范围应按以下方法确定(图 3-7)。

(1)在高度为 $h$ 的水平面上,避雷线每侧保护范围的宽度应按以下公式确定:

当 $h_x \geq h/2$ 时,有

$$r_x = 0.47(h - h_x)p \qquad (3-8)$$

当 $h_x < h/2$ 时,有

$$r_x = (h - 1.53h_x)p \qquad (3-9)$$

式中　$h_x$——保护高度,m;

　　　　$r_x$——高度为 $h$、水平面沿避雷线向两侧每侧保护范围的宽度,m;

　　　　$h$——避雷线的高度,m;

$p$——高度影响系数,见式(3-4)和式(3-5)。

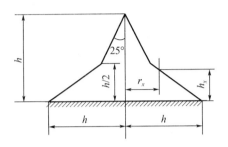

图 3-7　单根避雷线的保护范围

(2)在 $h_x$ 水平面上避雷线首末端端部的保护半径 $r_x$ 也按式(3-8)、式(3-9)确定,即两端的保护范围是以 $r_x$ 为半径的半圆。

### (五)两根避雷线的保护范围

用两根平行避雷线保护发电厂和变电所,其保护范围按以下方法确定:

①两根避雷线的外侧保护范围按单根避雷线的计算方法确定。

②两根避雷线间的保护范围计算方法与图 3-6 相似,由通过两根避雷线 1、2 及保护范围上部边缘最低点 $O$ 的圆弧确定,这时 $O$ 点的高度应按下式计算:

$$h_O = h = \frac{D}{4P} \tag{3-10}$$

式中　$h$——避雷线的高度,m;

　　　$D$——两根避雷线间的距离,m;

　　　$h_O$——两根避雷线间保护范围上部边缘最低点 $O$ 的高度,m。

## 三、雷电侵入波的过电压防护

为了防止感应雷过电压(也就是雷电侵入波)对变电所电气设备绝缘造成击穿损坏,应采取措施减少近区雷击闪络,以避免出现过分强烈的感应雷过电压;并且要合理配置避雷器,使雷电侵入波通过阀型避雷器对地放电,将能量泄漏掉,这样就不致对电气设备的绝缘造成威胁。因此,对雷电侵入波的过电压保护主要措施有:变电所进线段保护;变电所母线装设阀型避雷器;主变压器中性点装设阀型避雷器;与架空线路直接连接的电力电缆终端头处装设阀型避雷器等。

### (一)变电所进线段保护

变电所进线段保护的目的是防止进入变电所的架空线路在近区遭受直接雷击,并将从远方输入的雷电侵入波的电压通过避雷器或电缆线路、串联电抗器等方式限制到一个对电气设备没有危险的较小数值。具体措施如下:

（1）未沿全线装设避雷线的35～110 kV 架空送电线路,应在变电所1～2 km 的进线段架设避雷线。在木杆或木横担线路装设避雷器,在进线段的首端(即靠近线路的一端)应装设一组管型避雷器。如果该进线隔离开关或断路器在雷雨季节经常开路运行,同时线路侧又带电,则必须在进线段的末端(即靠近隔离开关或断路器处)装设一组管型避雷器或阀型避雷器(也可用保护间隙代替)。

（2）对于3～10 kV 配电装置(或电力变压器),其进线防雷保护和母线防雷保护的接线方式如图3－8所示。从图3－8可见,配电装置的每组母线上装设站用阀型避雷器 FZ 一组;每路架空进线上也装设配电线路用阀型避雷器 FS 一组(图中线路1);有电缆段的架空线路(图中线路2)避雷器应装设在电缆头附近,其接地端应和电缆金属外皮相连;如果进线电缆在与母线相连时串接有电抗器(图中线路3),则应在电抗器和电缆头之间增加一组阀型避雷器。实际上,无论是电缆进线还是架空进线,只要与母线之间的隔离开关或断路器在夏季雷雨季节经常处于断路状态,而线路侧又带电,那么靠近隔离开关或断路器处就必须装设一组阀型避雷器,以防止雷电侵入波遇到断口时无法行进,出现反射导致绝缘击穿,造成事故。

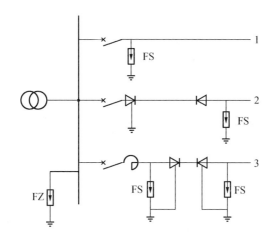

**图3－8　3～10 kV 配电装置进线防雷保护和母线防雷保护的接线方式**

雷电侵入波沿着电力线路往前行进时,如果遇到处于分闸状态的断路器(或隔离刀闸),就无法行进,于是被迫掉头,这就是波的反射。雷电反射波与雷电侵入波叠加,其电压数值为原有进行波的两倍,容易对电气设备造成击穿。为了防止雷电侵入波反射造成事故,对于变电所来说,凡正常处于分闸状态的高压进出线,必须在断路器(或隔离刀闸)的断口外侧(线路侧)加装避雷器或保护间隙;如果配电线路上有正常处于分闸状态的分段开关,则在开关两侧都应装设避雷器或防雷间隙。

在图3-8中,母线上避雷器与3~10 kV主变压器的最大电气距离见表3-8。

表3-8 避雷器与3~10 kV主变压器的最大电气距离

| 雷季经常运行的进线数目 | 1 | 2 | 3 | 4及以上 |
|---|---|---|---|---|
| 最大电气距离/m | 15 | 23 | 27 | 30 |

(3)35 kV及以上线路如果有电缆进线段,在电缆与架空线的连接处应装设阀型避雷器,其接地端应与电缆的金属外皮相连接。对于三芯电缆,其末端(靠近母线侧)的金属外皮应直接接地;对于单芯电缆,应经保护器或保护间隙接地。

如果进线电缆段不超过50 m,则母线侧可不装避雷器;如果进线电缆段超过50 m,或者进线电缆段的断路器在雷雨季经常断路运行,则母线侧必须装设避雷线。

连接进线电缆段的1 km架空线路应装设避雷器。

## (二) 变电所母线防雷保护

变电所的每组母线上都应装设阀型避雷器。对于电压在35 kV及以上的变电所,阀型避雷器与被保护设备间的允许最大电气距离与变电所进线数目及进线段的保护方式有关,其参考值见表3-9和表3-10。

表3-9 阀型避雷器与主变压器、电压互感器间的允许最大电气距离     m

| 额定电压/kV | 1 km进线段 | | | | 2 km进线段或全线有避雷线 | | | |
|---|---|---|---|---|---|---|---|---|
| | 一路进线 | 二路进线 | 三路进线 | 四路及以上进线 | 一路进线 | 二路进线 | 三路进线 | 四路及以上进线 |
| 3 | 25 | 35 | 40 | 45 | 55 | 80 | 85 | 105 |
| 66 | 40 | 65 | 75 | 85 | 80 | 110 | 130 | 115 |
| 110 | 40 | 65 | 75 | 85 | 90 | 135 | 155 | 175 |
| 220 | — | — | — | — | 105 | 150 | 180 | 200 |
| 330 | — | — | — | — | 105 | 150 | 180 | 200 |

表3-10　阀型避雷器与电流互感器、刀闸断路器等其他电器设备的允许最大电气距离　m

| 额定电压/kV | 1 km 进线段 | | | | 2 km 进线段或全线有避雷线 | | | |
|---|---|---|---|---|---|---|---|---|
| | 一路进线 | 二路进线 | 三路进线 | 四路及以上进线 | 一路进线 | 二路进线 | 三路进线 | 四路及以上进线 |
| 35 | 32 | 54 | 65 | 73 | 70 | 108 | 130 | 146 |
| 66 | 62 | 92 | 111 | 124 | 112 | 154 | 185 | 208 |
| 110 | 56 | 92 | 111 | 124 | 135 | 180 | 216 | 243 |
| 220 | — | — | — | — | 143 | 216 | 260 | 291 |
| 330 | — | — | — | — | 140 | 200 | 240 | 270 |

（三）变压器中性点的防雷保护

（1）中性点直接接地系统中，对于中性点不接地的变压器，如果变压器中性点的绝缘按线电压设计，但变电所为单进线且为单台变压器运行，则中性点应装设防雷保护装置；如果变压器中性点绝缘不按线电压设计，则无论进线多少都应装设防雷保护装置。

（2）中性点小接地电流系统中的变压器，一般不装设中性点防雷保护装置，但多雷区单进线变电所宜装设保护装置；中性点接有消弧线圈的变压器，如果有单进线运行可能，则也应在中性点装设保护装置。

（3）中性点小接地电流系统中变压器中性点避雷器的形式见表3-11。表中，FZ-15 + FZ-10 组合方式在 35 kV 变压器中性点连接有绝缘较弱的消弧线圈时采用。

表3-11　中性点小接地电流系统中变压器中性点避雷器的形式

| 变压器额定电压/kV | 35 | 66 | 110 | 154 |
|---|---|---|---|---|
| 避雷器形式 | FZ-35 或 FZ-30 或 FZ-15 + FZ-10 | FZ-40 | FZ-110J | FZ-154J |

中性点直接接地系统中保护变压器中性点绝缘的避雷器，110 kV 全绝缘变压器采用 FZ-110J 避雷器或 FZ-60 避雷器；110 kV 分级绝缘变压器采用 FZ-40 避雷器或灭弧电压为 70 kV 的非标准组合式避雷器，以及专用磁吹避雷器。但采用 FZ-40 避雷器在变压器非全相合闸时有可能出现避雷器爆炸的情况。220 kV 分级绝缘变压器中性点采用 FZ-110J 阀型避雷器。

### （四）避雷器的接地方式及各种电气设备接地电阻最大允许值

避雷器的接地线与接地装置的连接点及被保护设备的接地点应尽量靠近。进线段保护用的管型避雷器,正常接线时接地电阻应不大于 10 Ω,简化接线时一般应不大于 5 Ω。简化接线是指 35 kV 小容量变电所采用 150 ~ 200 m 或 500 ~ 600 m 进线段时的保护接线方式。

变电所母线保护阀型避雷器和进线保护阀型避雷器的接地线与变电所的地线网直接相连,其接地电阻值视变电所的地线网而定。各种电力设备和线路接地电阻的最大允许值规定如下。

**1. 直接接地系统电力设备的接地电阻**

直接接地系统电力设备的接地电阻为

$$R \leqslant 2\ 000/I \qquad\qquad (3-11)$$

式中 $I$——经接地网流入大地的最大短路电流,A;

$R$——考虑季节变化的最大接地电阻,Ω。

当 $I > 4\ 000$ A 时,$R \leqslant 0.5$ Ω。

**2. 小接地电流系统电力设备的接地电阻**

(1)当接地网与 1 kV 及以下设备共用接地时,接地电阻为

$$R \leqslant 120/I \qquad\qquad (3-12)$$

(2)当接地网仅用于 1 kV 以上设备时,接地电阻为

$$R \leqslant 250/I \qquad\qquad (3-13)$$

由式(3-12)和式(3-13)可知,在任何情况下,接地电阻都不得大于 10 Ω。

**3. 1 kV 以下电力设备的接地电阻**

(1)使用同一接地装置的所有设备总容量达到 100 kV·A 及以上时,其接地电阻不宜大于 4 Ω。

(2)使用同一接地装置的所有设备总容量小于 100 kV·A 时,其接地电阻不宜大于 10 Ω。

**4. 独立避雷针的接地电阻**

独立避雷针的接地电阻不应大于 10 Ω。

**5. 有架空地线的线路杆塔的接地电阻**

当杆塔高度在 40 m 以下时,有架空地线的线路杆塔的接地电阻最大允许值见表 3-12;当杆塔高度在 40 m 及以上时,取表 3-12 中数值的 50% 作为标准数值。当杆塔高度在 40 m 以上,而土壤电阻率大于 2 000 Ω·m,接地电阻又难以降至 15 Ω 时,接地电阻的限制可放宽至 20 Ω。当杆塔高度在 40 m 以下,土壤电阻率很高,接地电阻难以降到 30 Ω 时,可采用 6 ~ 8 根总长不超过 500 m 的放射形接

地体或连续伸长接地体,这时接地电阻可不受限制。

表 3 – 12　有架空地线的线路杆塔的接地电阻最大允许值

| 土壤电阻率/(Ω·m) | 接地电阻/Ω |
|---|---|
| ≤100 | 10 |
| 100 ~ 500 | 15 |
| 500 ~ 1 000 | 20 |
| 1 000 ~ 2 000 | 25 |
| >2 000 | 30 |

**6. 无架空地线的线路杆塔接地电阻**

(1)小接地电流系统的钢筋混凝土杆或金属杆,接地电阻最大允许值为 30 Ω。

(2)低压进户线绝缘子铁脚,接地电阻最大允许值为 30 Ω。

**7. 3 ~ 10 kV 经常断路运行而又带电的柱上断路器和负荷开关的防雷保护**

3 ~ 10 kV 经常断路运行而又带电的柱上断路器和负荷开关应采用阀型避雷器或放电间隙保护,装配在电源侧,其接地线应与柱上断路器等的金属外壳相连接,且接地电阻不应超过 10 Ω。

## 四、阀型避雷器及其技术参数选择

常用的阀型避雷器有普通阀型避雷器、磁吹阀型避雷器和氧化锌阀型避雷器。

### (一)普通阀型避雷器

普通阀型避雷器是指碳化硅阀型避雷器(简称碳化硅避雷器)。

**1. 结构及工作原理**

碳化硅阀型避雷器主要由火花间隙和金刚砂阀性电阻盘串联组成。火花间隙是由多个放电间隙串联组成的火花间隙组,每个放电间隙都由上、下两个冲压成型的黄铜平板电极和一个环形云母垫圈组成。上、下黄铜电极之间的间隙为 0.5 ~ 1 mm,间隙电场近似均匀电场。单个间隙的工频放电电压约为 2.7 ~ 3.0 kV。金刚砂阀性电阻盘简称阀片,是由金刚砂(硅化硅)颗粒和水玻璃混合后,经模型压制成饼状,在高温下焙烧而成的。阀片的电阻阻值随电流大小的变化而变化,电流增大时电阻减小,电流减小时电阻增大。电压电流的关系可用 $U = KI^\alpha$ 表示,$\alpha$ 称为非线性系数,其值小于 1,一般为 0.2 左右。阀片也称为非线性电阻片。

阀型避雷器的工作原理如下:接于电力系统运行的阀型避雷器,由于火花间隙组具有足够的对地绝缘强度,正常运行时不会被工频电压击穿,这时阀片电阻盘也不会有电流流过。当电力系统出现危险过电压时(如遇到雷电过电压),火花间隙被击穿,雷电流通过火花间隙经阀片电阻进入大地。在雷电压作用在阀片电阻上时,阀片电阻的金刚砂颗粒间的小气隙被击穿,使颗粒间的接触面积变大,电阻降低,雷电流容易通过,而且在阀片电阻上的压降(一般将此压降称为残压)减小。由于被保护电气设备和阀型避雷器是并联的,被保护电气设备上所承受的过电压即是避雷器上的残压。通过适当配置阀片参数,可使残压不超过被保护电气设备的绝缘水平,保证被保护电气设备的安全。

在雷电流通过后,工频电流也跟着通过阀型避雷器的火花间隙和阀片电阻,这个工频电流称为工频续流。由于工频续流比雷电流小得多,因此阀片电阻迅速上升,限制工频续流通过;与此同时,火花间隙组将工频续流分割成几段,将电弧熄灭,使避雷器恢复对地绝缘,电力系统恢复正常运行。

**2. 型号及用途**

普通碳化硅阀型避雷器有 FZ 和 FS 两种型号。FZ 为站用避雷器,其结构除了平板火花间隙和阀片电阻外,在火花间隙旁还并联有均压电阻。在工频电压作用下,并联电阻中流过的电流比火花间隙中的电容电流大,因此电压分布主要取决于并联电阻值,使各间隙上的电压分布均匀,间隙不容易击穿,有利于灭弧。在雷电冲击电压作用下,所加电压频率较高,容抗变小,使火花间隙上电压分布变得不均匀,容易击穿。这样既保证了一定的工频放电电压,又尽量降低了冲击放电电压,使避雷器的保护性能得到了改善。

FS 型避雷器为配电用避雷器,火花间隙旁没有并联均压电阻,因此其性能不如 FZ 型避雷器,但结构比 FZ 型避雷器简单,体积也较小。FZ 型避雷器比 FS 型避雷器的残压要低。例如,10 kV FZ – 10 型避雷器的残压为 45 kV,而 10 kV FS – 10 型避雷器的残压为 50 kV。FZ 型避雷器多用于发电厂和变电所的电气设备防雷保护;FS 型避雷器则多用于配电线路和配电变压器、开关设备的防雷保护。FZ 型避雷器能使峰值不大于 80 A 的工频续流在第一次过零时电弧熄灭;FS 型避雷器能使峰值不大于 50 A 的工频续流在第一次过零时电弧熄灭。

**3. FZ 型避雷器、FS 型避雷器的技术参数**

FZ 型避雷器、FS 型避雷器技术数据见表 3 – 13;35 ~ 220 kV FZ 型避雷器的组合方式见表 3 – 14。

表 3-13 FZ 型避雷器、FS 型避雷器技术数据

| 型号 | 额定电压/kV | 最大允许电压/kV | 灭弧电压(有效值)/kV | 工频放电电压(有效值)/kV | | 冲击放电电压幅值(预放电1.5~20 μs)/kV | 冲击电流下的残压(波形10~20 μs)/kV | | | 泄漏整流电压或电导电流 | | 质量/kg |
|---|---|---|---|---|---|---|---|---|---|---|---|---|
| | | | | 不小于 | 不大于 | | 3 kA | 5 kA | 10 kA | 整流电压/kV | 电流/μA | |
| FS-0.22 | 0.22 | — | 0.25 | 0.6 | 1.0 | 2.0 | 1.3 | — | — | 0.3 | 0~10 | 0.31 |
| FS-0.38 | 0.38 | — | 0.50 | 1.1 | 1.6 | 2.7 | 2.6 | — | — | 0.6 | 0~10 | 1.3 |
| FS$_1$-0.5 | 0.5 | — | 0.50 | 1.15 | 1.65 | 3.68 | 2.5 | — | — | (0.5) | 0~5 | 0.3 |
| FS-2 | 2 | — | 2.5 | 5 | 7 | 15 | — | 11 | — | — | — | — |
| FS-3 | 3 | 3.5 | 3.8 | 9 | 11 | 21 | (16) | 17 | — | 3(4) | 0~10 | 7.2 |
| FS-6 | 6 | 6.9 | 7.6 | 16 | 19 | 35 | (28) | 30 | — | 6(7) | 0~10 | 8.3 |
| FS-10 | 10 | 11.5 | 12.7 | 26 | 31 | 50 | (47) | 50 | — | 10(11) | 0~10 | 12.1 |
| FS$_4$-3GY | 3 | — | 3.8 | 9 | 11 | 21 | — | 17 | — | — | — | — |
| FS$_4$-6GY | 6 | — | 7.6 | 16 | 19 | 35 | — | 30 | — | — | — | — |
| FS$_4$-10GY | 10 | — | 12.7 | 26 | 31 | 50 | — | 50 | — | — | — | — |
| FS$_4$-15GY | 15 | — | 20.5 | 42 | 52 | 78 | — | 67 | — | — | — | — |
| FZ-3 | 3 | — | 3.8 | 9 | 11 | 20 | — | 14.5 | (16) | 4 | 400~600 | 41 |
| FZ-6 | 6 | — | 7.6 | 16 | 19 | 30 | — | 27 | (30) | 6 | 400~600 | 44 |
| FZ-10 | 10 | — | 12.7 | 26 | 31 | 45 | — | 45 | (50) | 10 | 400~600 | 49 |
| FZ-15 | 15 | — | 20.5 | 42 | 52 | 78 | — | 67 | (74) | 16 | 400~600 | 58 |
| FZ-20 | 20 | — | 25 | 49 | 60.5 | 85 | — | 80 | (88) | 20 | 400~600 | 64 |
| FZ-30 | 30 | — | 25 | 56 | 67 | 110 | — | 83 | (91) | 24 | 400~600 | — |
| FZ-30 | 30 | — | 38 | 56 | 67 | 116 | — | 121 | (91) | 24 | 400~600 | — |
| FZ-35 | 35 | — | 41 | 84 | 104 | 134 | — | 134 | (148) | 16 | 400~600 | 87 |
| FZ-40 | 40 | — | 50 | 98 | 121 | 154 | — | 160 | (176) | 20 | 400~600 | 112 |
| FZ-60 | 60 | — | 70.5 | 140 | 173 | 220 | — | 227 | (250) | 20 | 400~600 | 168 |
| FZ-110J | 110 | — | 100 | 224 | 168 | 310 | — | 332 | (364) | 24 | 400~600 | 236 |
| FZ-110 | 110 | — | 126 | 259 | 320 | 340 | — | 415 | (458) | 16 | 400~600 | 281 |

其中,型号有:F——阀型;Z——电站;S——配电网;字母下角标1~4——设计顺序;J——中性点直接接地;GY——高原地区,按1 000~3 500 m海拔高度设

置。括号中数值为参考值。表中泄漏电流试验,FZ-35型以上的避雷器均为组合式,15 kV元件加直流16 kV试验电压,20 kV元件加20 kV试验电压,30 kV元件加24 kV试验电压。

表3-14　35~220 kV FZ型避雷器的组合方式

| 型号 | 组合方式 |
| --- | --- |
| FZ-35 | 2×FZ-15 |
| FZ-40 | 2×FZ-20 |
| FZ-60 | 2×FZ-20+FZ-15 或 3×FZ-20(新) |
| FZ-110J | 4×FZ-30J |
| FZ-110 | FZ-20+5+FZ-15 |
| FZ-154J | 4×FZ-30J+2×FZ-15 |
| FZ-154 | 8×FZ-20+5×FZ-15 |
| FZ-220J | 8×FZ-30J |

## (二)磁吹阀型避雷器

磁吹阀型避雷器是阀型避雷器的一种。普通阀型避雷器的火花间隙灭弧完全依靠间隙的自然灭弧能力。由于阀片的热容量有限,而且受动作次数的限制(一般只允许动作20次,超过次数必须更换),阀片不能承受内过电压长时间的冲击电流,因此普通阀型避雷器不允许在内过电压下动作,其只适用于220 kV及以下的系统,做大气过电压保护。磁吹阀型避雷器也是由间隙和阀片串联组成的,但间隙的结构形状与普通避雷器不同,而且增加了磁吹部分,使电弧在磁场作用下被拉长,得到更好的去游离效果,使电弧易于熄灭。

我国生产的磁吹阀型避雷器分为电弧拉长式(也称限流式)间隙和电弧旋转式间隙。电弧拉长式间隙由装在灭弧盒上的一对羊角电极组成,灭弧盒内用陶瓷或云母玻璃制成灭弧栅。灭弧盒上、下由磁吹线圈或永久磁铁产生磁场。当羊角间隙放电后,电弧在上、下轴向磁场的作用下,被拉长进入灭弧栅,受到强烈去游离而迅速熄灭,可切断450 A工频续流。而且电弧被拉长后,电弧电阻很大,可以起限流作用,因此称为限流式间隙。

电弧旋转式间隙由圆形平面内电极和外电极构成。内、外电极间有圆形弧道,上、下由永久磁铁或磁吹线圈产生磁场。间隙放电后产生径向电弧,在上、下轴向磁场作用下产生沿圆周切线方向的力,使电弧沿圆周旋转。电弧的去游离加强,而且电弧不停留在一点上,容易熄灭,电极也不容易烧坏。它能切断300 A工频续流。

磁吹阀型避雷器的灭弧性能好,工频放电电压和残压都可以保持较低的数值,有很好的保护性能,可以用作旋转电机等绝缘裕度较低的电气设备的防雷保护和内过电压保护。磁吹阀型避雷器分为 FCD 型和 FCZ 型,前者用于保护旋转电机,后者用于发电厂和变电所,其技术特性数据见表 3 – 15。

表 3 – 15　磁吹阀型避雷器技术特性数据

| 型号 | 额定电压/kV | 最大允许电压/kV | 灭弧电压(有效值)/kV | 工频放电电压(有效值)/kV | | 冲击放电电压幅值(预放电1.5~20μs)/kV | 冲击电流下残压(波形10~20μs)幅值不大于/kV | | | 泄漏整流电压或电导电流 | | 质量/kg |
|---|---|---|---|---|---|---|---|---|---|---|---|---|
| | | | | 不小于 | 不大于 | | 3 kA | 5 kA | 10 kA | 整流电压/kV | 电流/μA | |
| FCD – 3 | 3.15 | — | 3.8 | 7.5 | 9.5 | 9.5 | 9.5 | 10 | — | 3 | 50 ~ 100 | 48 |
| FCD – 6 | 6.3 | 6.9 | 7.6 | 15 | 18 | 19 | 19 | 20 | — | 6 | 50 – 100 | 55 |
| FCD – 10 | 10.5 | 11.5 | 12.7 | 25 | 30 | 31 | 31 | 33 | — | 10 | 50 – 100 | 94 |
| FCD – 13.2 | 13.8 | 15.2 | 16.7 | 33 | 39 | 40 | 40 | 43 | — | 13.2 | 50 ~ 100 | 101 |
| FCD$_1$ – 15 | 15 | 17.3 | 19 | 37 | 44 | 45 | 45 | 49 | — | 15 | < 10 | 103 |
| FCZ$_3$ – 35 | 35 | — | 41 | 70 | 85 | 112 | — | 108 | 122 | 50 | 250 ~ 400 | — |
| FCZ$_3$ – 35L | 35 | — | 46 | 78 | 90 | 134 | — | 134 | — | 50 | 250 ~ 400 | — |
| FCZ$_3$ – 35GY | 35 | — | 41 | 70 | 85 | 112 | — | 108 | 122 | 50 | 250 ~ 400 | — |
| FCZ$_3$ – 110J | 110 | — | 100 | 170 | 195 | 265 | — | 265 | 295 | 110 | 250 ~ 400 | 762 |
| FCZ$_4$ – 110J | 110 | — | 100 | 170 | 195 | 265 | — | 265 | 295 | 100 | 500 ~ 700 | 497 |

磁吹阀型避雷器的型号远比表 3 – 15 中所列出的更多。不同型号的磁吹阀型避雷器,即使额定电压相同,其泄漏电流试验标准也不尽相同,应以出厂说明要求为准,或者根据有关规程决定合格标准。表 3 – 15 中的数据仅供参考。

(三)氧化锌阀型避雷器

氧化锌阀型避雷器简称氧化锌避雷器,也称为金属氧化物避雷器。其主要工作元件为金属氧化物非线性电阻片,它具有非线性伏安特性,在过电压时呈低电阻状态,从而限制避雷器上的残压,对被保护设备起保护作用;而在正常工频电压下呈高电阻状态,流过不超过 1 mA 的对地泄漏电流,实际上使带电母线对地处于绝缘状态,无须串联间隙来隔离工作电压。由于氧化锌避雷器电阻片的阻值随外施电压过电压的变小而变小,因此也称为压敏电阻。氧化锌阀片具有很理想的伏安特性,其非线性系数 $a$ 约为 0.05,比碳化硅阀片的非线性系数小得多。

**1. 氧化锌避雷器的工作原理**

正常运行时,氧化锌避雷器工作在正常工频电压下,避雷器的氧化锌电阻片具有极高的阻值,呈绝缘状态;当出现雷电过电压或内部过电压时,电压超过启动值后,阀片呈低阻状态,泄放电流,避雷器两端维持较低的残压,以保护电气设备不受过电压损坏。待过电压结束后,避雷器立即恢复极高阻值,继续保持绝缘状态,对地只流过不超过 1 mA 的泄漏电流,保证电力系统的正常运行。因此,氧化锌避雷器可以不需要设置火花间隙,也不需要进行灭弧。氧化锌避雷器动作迅速、通流量大、残压低、无续流,对大气过电压和内部过电压都能起到保护作用。

**2. 氧化锌避雷器的型号含义**

氧化锌避雷器型号表示如图 3 - 9 所示。有的氧化锌避雷器其型号的第一个字母增加一个"H",代表其外绝缘为合成橡胶。

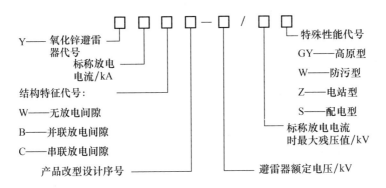

图 3 - 9　氧化锌避雷器型号表示

对于型号中的一些技术参数说明如下。

(1)标称放电电流。

避雷器的放电电流是指避雷器动作时通过避雷器的冲击电流。避雷器的标称放电电流是指用来划分避雷器等级的、具有 8/20 μs 波形的放电电流的峰值。选定避雷器标称放电电流时,主要考虑被保护设备的电压等级、通过避雷器的雷电流数值的概率,以及绝缘损坏的危险率。中华人民共和国国家标准《交流无间隙金属氧化物避雷器》(GB/T 11032—2020)规定的避雷器标称放电电流值见表 3 - 16。

表 3-16　避雷器标称放电电流值

| 避雷器类型 | 设备额定电压(有效值)/kV | 标称放电电流(峰值)/kA |
|---|---|---|
| 电机和变压器中性点 | 3.15~500 | 1.0 |
| 低压 | 0.220~0.380 | 1.5 |
| 电机 | 3.15~20.0 | 2.5 |
| 配电 | 3~10 | 5 |
| 并联补偿电容器 | 3~63 | 5 |
| 电气化铁道避雷器 | 27.5~55 | 5 |
| 电站 | 3-220 | 5 |
| | 110~500 | 10 |
| | 500 | 20 |

(2)氧化锌避雷器对放电间隙的考虑。

氧化锌避雷器可以不设间隙,因此不存在火花间隙击穿放电引起特性变化所造成的复杂影响,也没有灭弧问题。但是在中性点不接地系统中,出现一相接地时,其他两健全相的对地电压升高为线电压,氧化锌避雷器通过的泄漏电流大大增加,使其发热,甚至导致爆炸。因此,有的工厂生产带间隙的氧化锌避雷器作为特殊情况下的选择。

(3)避雷器额定电压。

氧化锌避雷器的额定电压,即正常运行时避雷器所承受的最大工频电压有效值。根据我国避雷器使用导则,氧化锌避雷器的额定电压应按照空载长线路引起的工频暂时过电压,以及电网中单相接地时健全相电压升高等暂态过电压进行选取。因此,氧化锌避雷器的额定电压通常要高于系统额定电压。

氧化锌避雷器有关使用电压的技术指标有三个,除了额定电压外,还有系统标称电压(系统额定电压)和持续运行电压。氧化锌避雷器的持续运行电压,是指避雷器在运行中允许持久地施加在避雷器端子上的工频电压有效值。避雷器的持续运行电压实际上略大于系统的最高相电压。

(4)标称放电电流时最大残压值。

避雷器的过电压保护特性,主要根据避雷器动作时的残压衡量。避雷器的残压与通过电流的波形特性有关,因此残压有三种:雷电冲击电流残压、陡波冲击电流残压和操作冲击电流残压。避雷器标称放电电流时的最大残压即为雷电冲击电流残压,冲击电流波形为 8/20 μs。陡波冲击电流的电流波形的波前为 1 μs;操作冲击电流的电流波形为 30/80 μs。氧化锌避雷器的操作过电压保护水平是根据操作冲击电流下的最大残压确定的。氧化锌避雷器的雷电过电压保护水平是在陡波冲击电流下的最大残压除以 1.15,并与标称放电电流下的最大残压二者中取较高者。避雷器的残压越低,保护性能越好。

**3. 氧化锌避雷器的技术数据**

无间隙氧化锌避雷器的技术数据见表 3 - 17。

表 3 - 17　无间隙氧化锌避雷器的技术数据

| 型号 | 避雷器额定电压/kV | 系统额定电压/kV | 持续运行电压/kV | 直流或工频参考电压峰值不小于/kV | 残压不大于/kV | | | 用途 |
|---|---|---|---|---|---|---|---|---|
| | | | | | 30/80 μs 0.5 kA | 8/20 μs 5 kA | 1 μs 5 kA | |
| Y1.5W - 0.28/1.3S | 0.28 | 0.22 | 0.24 | 0.6 | — | 1.3 | — | 配电 |
| Y1.5W - 0.5/2.6S | 0.5 | 0.38 | 0.42 | 1.2 | — | 2.6 | — | 配电 |
| Y5W - 3.8/17S | 3.8 | 3 | 2 | 7.5 | 14.5 | 17 | 19.6 | 配电 |
| Y5W - 3.8/13.5Z | 3.8 | 3 | 2 | 7.2 | 11.5 | 13.5 | 15.5 | 电站 |
| Y5W - 3.8/13.5 | 3.8 | 3 | 2 | 6.9 | 10.5 | 13.5 | — | 电容器 |
| Y5W - 7.6/30S | 7.6 | 6 | 4 | 15 | 25.5 | 30 | 34.5 | 配电 |
| Y5W - 7.6/27Z | 7.6 | 6 | 4 | 14.4 | 28 | 27 | 31 | 电站 |
| Y5W - 7.6/27 | 7.6 | 6 | 4 | 13.3 | 20.8 | 27 | — | 电容器 |
| Y5W - 12.7/50S | 12.7 | 10 | 6.6 | 25 | 42.5 | 50 | 37.5 | 配电 |
| Y5W - 12.7/45Z | 12.7 | 10 | 6.6 | 24 | 38.3 | 45 | 51.8 | 电站 |
| Y5W - 12.7/45 | 12.7 | 10 | 6.6 | 23 | 35 | 45 | — | 电容器 |
| Y5W - 42/134Z | 42 | 35 | 23.4 | 73 | 114 | 134 | 154 | 电站 |
| Y5W - 42/120TD | 42 | 27.5 | 31.5 | 65 | 98 | 120 | 138 | 铁路专用 |
| Y5W - 82/240TD | 82 | 55 | 63 | 130 | 196 | 240 | 276 | 铁路专用 |
| Y5W - 69/224Z | 69 | 63 | 40 | 122 | 190 | 224 | 258 | 电站 |
| Y5W - 100/260Z | 100 | 110 | 73 | 145 | 221 | 260 | 299 | 电站 |
| Y2.5W₁ - 3.8/9.5 | 3.8 | 3 | 2 | 5.6 | — | 9.5 | — | 电机 |
| Y2.5W₁ - 7.6/19 | 7.6 | 6 | 4 | 11.3 | — | 19 | — | 电机 |
| Y2.5W₁ - 12.7/31 | 12.7 | 10 | 6.6 | 18.9 | — | 31 | — | 电机 |

有间隙氧化锌避雷器的技术数据见表 3 - 18。有间隙氧化锌避雷器和碳化硅避雷器一样,也有串联间隙,因此对持续运行电压没有要求。

表 3-18　有间隙氧化锌避雷器的技术数据

| 产品型号 | 避雷器额定电压（有效值）/kV | 系统标称电压（有效值）/kV | 工频放电电压（有效值）不小于/kV | 陡波电流（1 μs）下残压（峰值）5 kA 不大于/kV | 标称放电电流（8/20 μs）下残压（峰值）5 kA 不大于/kV |
|---|---|---|---|---|---|
| Y5C$_s$-7.6/27S | 7.6 | 6 | 16 | 31 | 27 |
| Y5C$_s$-12.7/44S | 12.7 | 10 | 26 | 50.6 | 44 |
| Y5C$_s$-7.6/24Z | 7.6 | 6 | 16 | 27.6 | 24 |
| Y5C$_s$-12.7/41Z | 12.7 | 10 | 26 | 47 | 41 |

**4. 氧化锌避雷器的选择使用**

无间隙氧化锌避雷器的非线性电阻片单位体积吸收能量大,而且还可以并联使用,使能量吸收效率成倍提高,可以有效地限制电力系统的大气过电压和操作过电压。在额定电压为 110 kV 及以上的系统中,中性点直接接地,发生单相接地短路后,保护立即动作(跳闸),氧化锌避雷器具有较低残压的优越性比较明显。对于额定电压为 3~66 kV 的小接地电流系统,由于一般都没有单相接地故障切除装置,通常还允许带接地故障运行 2 h 或者更长,因此需要避雷器有较高的参考电压和额定电压,使其残压不可能限制到理想的较低数值,而是与普通碳化硅避雷器接近,这样其优越性也就受到影响。但由于没有间隙,对于某些操作过电压可以起一定的限制作用。例如,对于 3~10 kV 系统,利用氧化锌避雷器限制并联补偿电容器和电动机操作过电压已取得很好的效果。此外,在空间比较紧凑的户内配电装置(如手车柜)中,氧化锌避雷器作为过电压保护装置也已得到广泛应用。

选择使用氧化锌避雷器时应注意以下事项:

①按照系统最高电压确定避雷器的持续运行电压(不考虑暂时过电压)。

②估算避雷器安装地点的暂时过电压的幅值和持续时间,选择避雷器的额定电压,并对工频电压耐受时间特性进行校核。交流无间隙金属氧化物避雷器应具有一定的工频过电压耐受能力,制造厂家应提供相应的耐受特性。用于中性点小接地电流系统的额定电压为 3.8~12.7 kV 的电站避雷器和配电避雷器,应在 1.3 倍额定电压下耐受 2 h,在额定电压下耐受 24 h;用于并联补偿电容器和额定电压为 42 kV 及以上的电站避雷器,应在 1.2 倍额定电压下耐受 2 h,在额定电压下耐受 24 h;用在发电机和电动机上的避雷器,应在额定电压下耐受 2 h;电机中性点避雷器,应在额定电压下耐受 2 h;变压器中性点避雷器,应在额定电压下耐受 10 s,在 0.8 倍额定电压下耐受 2 h。

③避雷器的瓷套绝缘耐受性能。避雷器瓷套的最小爬电比距应符合以下要

求:无明显污秽地区为 17 mm/kV,普通污秽地区为 20 mm/kV,重污秽地区为 25 mm/kV。对于低压避雷器,额定电压为 0.28 kV 的应能耐受工频电压 3.0 kV,额定电压为 0.50 kV 的应能耐受工频电压 4.0 kV。

④作为雷电过电压保护的避雷器的标称放电电流值可按表 3 - 16 规定值选取。

⑤按照绝缘配合要求选择避雷器的保护水平。避雷器的保护水平完全由它的残压决定。具体要求已在前面有关氧化锌避雷器的残压部分中叙述。

⑥估算避雷器可能承受的操作冲击电流和能量,选择避雷器应具备的冲击电流耐受能力及能量吸收能力。具体来说,保护操作过电压的避雷器应做到额定通流容量不得小于系统操作时通过的冲击电流。对于不同的被保护设备,对氧化锌避雷器的冲击电流耐受能力要求也不同。冲击电流耐受能力一般以方波 2 000 μs 的冲击电流进行考核。例如,3.8 ~ 69 kV 电容器保护用避雷器应能耐受冲击电流 400 A(峰值),而同样额定电压的电站保护用避雷器只需耐受冲击电流 150 A(峰值);3.8 ~ 12.7 kV 配电用避雷器只需耐受冲击电流 75 A(峰值);3.8 ~ 12.7 kV 电动机和 3.8 ~ 19 kV 发电机保护用避雷器冲击电流耐受值均为 200 A(峰值)。

⑦其他注意事项。有些工厂生产的避雷器,其型号标示不完全按照上面介绍的方法执行。这时需根据生产厂家的技术说明来选用避雷器。例如某厂生产的 66 kV 氧化锌避雷器,其型号为 Y5W - 96/232,其中 96 指避雷器额定电压为 96 kV。该避雷器适用于 66 kV 系统的变电所,最高允许线电压为 72.5 kV。避雷器允许持续承受最高电压为 76 kV,5 kA 雷电流下的残压不大于 232 kV(冲击电峰值)。

## 五、保护间隙和管型避雷器

为了防止过电压造成电气设备绝缘击穿,除了上面介绍的阀型避雷器外,有时还采用保护间隙或管型避雷器。

### (一)保护间隙

保护间隙是较简单的过电压防护设备,它由两个金属电极构成,其中一个电极与带电部分相连,另一个电极接地。当被保护设备带电部分出现过电压时,保护间隙放电,将冲击电流泄入地下,使被保护设备不因过电压而击穿。保护间隙按电极的形状不同,分为棒形、球形和角形三种。保护间隙结构简单、成本低,但保护性能差,保护特性曲线陡度大,对设备纵绝缘不利,间隙的灭弧能力也差,因此只用在某些架空线路上,有时也装在 35 kV 及以上电压等级的户外互感器或其他电气设备上作为辅助保护。对保护间隙的结构,要求间隙数值稳定不变,并要注意防止间隙动作时电弧跳到其他设备上造成事故。3 ~ 35 kV 的保护间隙,宜在其接地引线中串接一个辅助间隙,防止外物使间隙短路。保护间隙的主间隙和辅助间隙数值分别见表 3-19 和表 3-20。三相主间隙的接地端连在一起后可以共用一个辅助间隙接地。

表 3-19　保护间隙的主间隙数值

| 额定电压 /kV | 3 | 6 | 10 | 20 | 35 | 60 | 110 | |
|---|---|---|---|---|---|---|---|---|
| | | | | | | | 中性点直接接地 | 中性点非直接接地 |
| 主间隙数值/mm | 8 | 15 | 25 | 100 | 210 | 400 | 700 | 750 |

表 3-20　保护间隙的辅助间隙数值

| 额定电压/kV | 3 | 6 ~ 10 | 20 | 35 |
|---|---|---|---|---|
| 辅助间隙数值/mm | 5 | 10 | 15 | 20 |

## (二)管型避雷器

管型避雷器是用于保护架空电力线路的过电压保护装置。管型避雷器实际上就是具有一定灭弧能力的保护间隙。管型避雷器由装在产气管中的内部间隙和外部空气间隙组成。在雷电流作用下,内、外间隙击穿放电。间隙放电后,在工频电压作用下,工频短路电流通过间隙,工频电弧的高温使产气管内壁产生大量气体,压力很大,气体由放气孔急骤放出,电弧游离、熄灭。外部间隙的作用是隔离电源,以免产气管的有机绝缘表面在电压作用下长期泄漏电流从而损坏,引起故障。管型避雷器外间隙的数值见表 3-21。表中,GB 指用于变电所进线保护段首端的管型避雷器。

表 3-21　管型避雷器外间隙的数值

| 额定电压 /kV | 3 | 6 | 10 | 20 | 35 | 60 | 110 | |
|---|---|---|---|---|---|---|---|---|
| | | | | | | | 中性点直接接地 | 中性点非直接接地 |
| 外间隙最小数值/mm | 8 | 10 | 15 | 60 | 100 | 200 | 350 | 400 |
| GB 外间隙最大数值/mm | — | — | — | 150 ~ 200 | 250 ~ 300 | 350 ~ 400 | 400 ~ 500 | 400 ~ 500 |

管型避雷器主要用在没有全线架设防雷地线的 35 kV 以上的高压架空线路上。在选择管型避雷器时,开断续流的上限(考虑非周期分量)不应小于安装处短路电流的最大有效值,开断续流的下限(不考虑非周期分量)不应大于安装处短路电流的可能最小值。在计算开断续流上限时,如果非周期分量电流不易掌握,可将周期分量电流第一个半周的有效值乘 1.5(对距发电厂较近处)或乘 1.3(对距发电厂较远处),所得数值即为包括非周期分量的短路电流有效值。

为防止外间隙因雨水短路,管型避雷器的外间隙电极不应垂直布置。外间隙的电极宜镀锌,以免产生锈水沾污绝缘子。

# 第四节　内部过电压及其防护

## 一、内部过电压概述

电气设备和电力线路在运行中有时要改变运行方式,也就是要进行停送电操作,如切、合变压器,切、合电力线路,切、合电容器,切、合电动机等。此外,运行中的电气设备和电力线路也可能发生事故,如短路跳闸、断线、接地等。无论是停送电操作还是电气事故,都会引起电力系统运行状态的局部变化,亦即从一种状态变为另一种状态,也就是出现过渡过程。在电路的过渡过程中会引起电场能量和磁场能量的转换,这时可能出现很高的电压,形成过电压。这种过电压称为内部过电压(简称内过电压)。

产生内部过电压的原因很多,过电压大小也不同。有时,几种因素交叉重叠在一起,引起的过电压数值就很高。一般认为,对地内过电压可达相间过电压的 3~4 倍,相间内过电压则为对地内过电压的 1.3~1.4 倍。根据现场运行经验,有时对地内过电压高达相间过电压的 5~6 倍。一般来说,对于中性点直接接地的低压系统,其内过电压数值不会很高,很少听说内过电压引起事故;而对于中性点不接地的中、高压系统,内过电压就较为危险,内过电压引起的设备事故较为常见。

为了防止内过电压造成事故,也可以采用阀型避雷器,但有时效果并不理想。有的内过电压(如铁磁谐振分频过电压)会使阀型避雷器接二连三地爆炸;也有的内过电压会造成电气设备绝缘击穿,而与电气设备并联接线的避雷器完全不起作用。因此,为了防止内过电压造成事故,应该分析引起内过电压的原因,从根本上采取措施来防止内过电压的出现或限制内过电压的幅值和陡度,以保证电力系统的安全运行。

## 二、内部过电压分类

### （一）工频过电压

工频过电压包括工频稳态过电压和工频暂态过电压。

**1. 工频稳态过电压**

工频稳态过电压主要是指空载长线路末端的电压升高;也指在三相中性点不接地系统中,发生单相接地时,其他两相对地电压的升高。

工频稳态过电压对系统中电气设备的正常绝缘的危害一般很小,因此不需要采取特殊措施来加以限制。但是工频稳态过电压对避雷器的工作状态有很大影响,而且又常常是其他过电压的基值,因此不能忽视。

**2. 工频暂态过电压**

工频暂态过电压是指当系统突然跳闸、甩掉大量负荷后,在发电机组的调速器及调压器来不及起作用的瞬间,发电机的转速上升而引起的电压升高。暂态过电压时间很短,数值也不大,一般不需要采取特殊限制措施。

### （二）操作过电压

操作过电压包括切、合空载长线路引起的过电压,切、合空载变压器引起的过电压,以及中性点不接地系统中的单相弧光接地过电压。

**1. 切、合空载长线路引起的过电压**

切空载长线路产生过电压是开关灭弧能力不强、触头重燃的结果。切空载长线和切电容器一样,在开关触头电流经过零值时,电弧瞬间熄灭。但由于这时电压不为零,因此线路上有残留电荷,在电荷泄漏前线路仍保持着原有电压,这时电源电压波形仍按正弦规律变化。当断路器断口间的电位差越来越大时,断口间绝缘被击穿,电弧重燃,电源电压又向线路充电,引起线路上的电压振荡,造成过电压。根据分析,断路器断口间的电弧重燃次数越多,过电压数值越大。

合空载长线路时,线路电压从零变化到电源侧电压值,也经过了一个振荡过程,出现了过电压。如果线路上有残留电荷时合闸,例如断路器跳闸后又重合闸,那么这时的过电压与切空载线路时电弧重燃引起的过电压相似。

**2. 切、合空载变压器引起的过电压**

在切空载变压器时,由于励磁电流很小,断路器的灭弧能力又很强,因此在电流自然过零之前就可能被强行切断,在此截流的瞬间,变压器线圈上的磁场能量可能以振荡的形式转换给线圈匝间或对地的小电容,引起线圈匝间或对地过电压。

合空载变压器时也可能引起过电压。如果三相非同期合闸,变压器对地电容和匝间纵向电容与变压器电感产生振荡,过电压倍数可能很高。

**3. 单相弧光接地过电压**

对于中性点不接地系统,如果线路较多、对地电容电流较大,则发生单相接地时接地电流较大,接地电弧不容易熄灭。常常是电弧熄灭后又重燃,形成间歇性电弧,引起故障相以及导致其余健全相的电感、电容串联回路上产生高频振荡过电压。其过电压数值一般可达相电压的 3 ~ 3.5 倍;在最差的情况下,甚至可达相电压的 7.5 倍。

**(三)谐振过电压**

由电感和电容元件串联,当感抗与容抗接近时,即构成串联谐振电路。当电路发生串联谐振时,电感或电容上的电压将远大于电源电压,形成过电压。根据谐振时的特点,谐振过电压可分为线性谐振过电压、铁磁谐振过电压和参数谐振过电压。

**1. 线性谐振过电压**

线性谐振过电压的特点是谐振串联电路的电容、电感都为恒定常数。在串联谐振回路内,如果电源中某次谐波的频率正好与电路的振荡频率相同,则发生串联谐振。如果电路中的电阻为零,则串联谐振时电流为无穷大,电感、电容上的电压也为无穷大。实际上,电路中总是存在电阻,因此线性谐振过电压对额定电压的倍数 $K$ 可由下式算出:

$$K = \frac{\omega L}{R} = \frac{1}{R\omega C} \qquad (3-14)$$

**2. 铁磁谐振过电压**

铁磁谐振过电压的特点是:电路中的电感带有铁芯,铁芯电感的感抗随电源电压的变化而变化,不是一个常数。在正常运行条件下,电感、电容串联回路中的感抗大于容抗,由于某种因素,电感两端电压有所升高,使铁芯饱和,感抗减小;当感抗小于容抗时,电路相位从感性变为容性,形成相位翻转,这时回路中的电流突然升高,电容、电感上的压降也突然升高,形成过电压。这种过电压称为铁磁谐振过电压,铁磁谐振串联电路如图 3 – 10 所示。

图 3 – 10(a)为铁磁谐振串联电路原理接线图;图 3 – 10(b)为伏安特性图。图 3 – 10(b)中的曲线 A 为电感 L 上的伏安特性,当电压升高时,铁芯逐渐饱和,因此曲线弯曲;曲线 B 和曲线 C 分别为电容 C 和电阻 R 上的伏安特性;曲线 D 则是回路总电压 $U$ 与回路电流 $I$ 的伏安特性曲线。

当电源电压 $U = U_1$ 时,回路电流 $I = I_1$;当电源电压升高到 $U_2$ 时,回路电流 $I = I_2$;当电压继续升高时,从曲线 D 上的点 2 跳跃到点 4,电流从 $I_2$ 越过 $I_3$ 直接跳

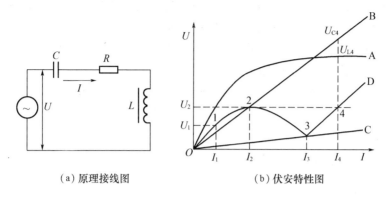

（a）原理接线图　　　　　（b）伏安特性图

图 3 - 10　铁磁谐振串联电路

跃到 $I_4$；从曲线 A、B 可知，电感上的电压 $U_{L4}$ 和电容上的电压 $U_{C4}$ 都远大于电源电压 $U_2$。这种过电压称为铁磁谐振过电压。

**3. 参数谐振过电压**

参数谐振过电压是指水轮发电机的同步电抗在直轴电抗与交轴电抗之间周期性地变动，或者水轮发电机、汽轮发电机的定子磁通发生变动引起电抗周期性变动，这时如果外电路的容抗与发电机的同步电抗正好相等，就会出现电流、电压谐振现象，使发电机端子电压和电流急剧上升，不仅影响设备绝缘，而且影响发电机并网。这种现象称为参数谐振过电压。

电力系统的内过电压是一种很复杂的现象，上面仅列举了几种常见的过电压类型。在电力系统运行中，常常会遇到几种原因交织在一起形成的过电压，甚至有些内过电压的原因很难分析清楚。后面将以实例进行介绍。

## 三、常见内部过电压技术原因分析

### （一）一相断线过电压

在三相供电系统中，在运行时如发生一相断线，则有可能出现电感、电容串联谐振，引起过电压。在停、送电操作时，如果三相不同期，则有可能出现两相合上、一相没有合上的情况，这也相当于一相断线，有可能出现过电压。

### （二）分频谐振过电压

分频谐振过电压在中性点绝缘系统（如 3 ~ 10 kV 配电系统）中较为常见。发生分频谐振过电压时，三相电压同时升高，谐振频率为 1/2 工频（即 25 周），因此称为分频谐振过电压。

虽然分频谐振过电压的过电压倍数并不高，但是流过电压互感器的电流极

---

大,容易引起电压互感器过热烧坏。这是因为过电压的频率为 1/2 工频,电压互感器的励磁电抗减小一半,铁芯严重饱和,因此电流大大超过额定电流。此外,分频过电压的时间较长,这个电压对避雷器长期作用,使避雷器对地流过一个击穿电流,长期不能熄弧,引起避雷器爆炸。

因此,发生分频谐振时,可以从控制屏上看到三相三块电压表表针低频大幅摆动,这是谐振频率较低所致;同时,出现多个电压互感器冒烟、避雷器爆炸等设备损坏事故。

**1. 分频谐振过电压的发生机制**

分频谐振过电压一般发生在系统出现单相接地之后。系统出现单相接地时,引起中性点位移。中性点位移电压作用在电压互感器的电感和各相导线对地电容组成的电感电容振荡回路上。当单相接地故障的接地点脱开时,引起电场能量和磁场能量的分布状态变化,从一种能量分布状态向另一种能量分布状态过渡,产生电磁场振荡,有可能形成基频、分频或高频谐振过电压。

实际上,分频谐振过电压属于铁磁谐振过电压的一种。有人对单相接地后引起的谐振过电压进行了详细的研究,得出结论:中性点不接地系统单相接地后,是否引起铁磁谐振以及引起谐振的特性,与系统各相对地容抗、系统内各相电压互感器的对地励磁电抗的比值有关。

①当比值小于 0.01 或大于 3 时,不发生铁磁谐振。

②当比值为 0.01~0.08 时,容易产生铁磁分频谐振,即谐振频率为 1/2 电源频率。

③当比值为 0.08~0.15 时,容易产生基波谐振,即谐振频率为电源频率。

④当比值为 0.15~3 时,容易产生高次谐波谐振,例如三次谐波谐振。

**2. 防止发生分频谐振过电压事故的措施**

(1)使系统对地电容容抗与对地励磁设备的感抗的比值小于 0.01,以免发生铁磁谐振。为此应增大对地励磁电抗。其方法如下:

①减少系统内变电所母线上结线方式为中性点接地的电压互感器组,这样也就减少了 $X_m$ 的并联支路,增大了 $X_m$ 的数值,使 $\frac{X_\infty}{X_m} < 0.01$,从根本上避免发生铁磁谐振。为此,有的电力系统供电部门对 10 kV 供电的用户变电所电压互感器组都采用 V/V 接线或 Y/Y_0 接线,而不允许采用 Y_0/Y_0/△接线。只有电源侧变电所的 10 kV 母线上装一组 Y_0/Y_0/△接线的电压互感器,以便对整个供电系统进行绝缘监视,及时发现单相接地故障。

②电源侧变电所 10 kV 母线上用来进行绝缘监视的电压互感器组,在高压侧结成星形的中性点接地回路内串入一个单相电压互感器或者别的阻抗元件,以便增大对地电抗,同时在系统发生单相接地故障时也能防止电压互感器铁芯饱和。

电压互感器一次侧中性点经阻抗接地如图 3 – 11 所示。图中，10 kV 电压互感器一次侧中性点 N 经一台单相电压互感器高压线圈接地。

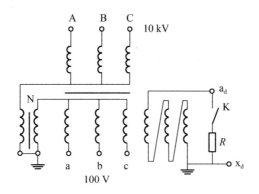

**图 3 – 11　电压互感器一次侧中性点经阻抗接地**

（2）采取分频谐振消谐措施。

分频谐振消谐措施常用的方法是：当发生分频谐振时，在电压互感器的辅助二次回路中并入一个约 0.2 Ω 的低值电阻 $R$（图 3 – 11）。正常情况下，图中的开关 K 处于分闸位置，电阻 $R$ 的电路被断开。当发生分频谐振时，将开关 K 瞬间合闸，然后立即拉开，分频谐振立即消除。采用这种办法实际上是利用电阻 $R$ 中通过电流，将谐振的能量迅速消耗掉，分频谐振随即停止。考虑到手动开合开关 K 有一定难度，目前已有专用的分频谐振消谐装置，当出现分频谐振时，自动合上开关 K 迅速将能量消耗掉，使谐振立即终止；开关 K 合上后，经过 2 s 左右立即拉开，以免开口三角短接时间太长，引起电压互感器过热损坏。

如果只是出现单相接地故障，并未引起分频谐振过电压，则开关 K 不能合闸。如果这时开关 K 合闸了，则开口三角的不平衡电压通过低电阻 $R$ 形成电流循环回路。如果接地故障长期不能消除，由于这个电流很大，因此电压互感器有可能烧坏。

### （三）基频和高频谐振过电压

在变电所开关切合操作时，电压互感器的铁芯电感、母线和线路的对地电容、高压开关触头之间的并联电容（220 kV 及以上开关的触头各串联断口都并有均压电容）等可能形成各种串联或串并联电路，随着电容、电感参数的变化，可能发生铁磁谐振现象。如果在开关操作时出现三相不同期，或者触头间出现单相拉弧，则有可能使基频或高频谐振过电压更为严重。下面列举两种典型操作过电压的预防措施。

**1. 电感电容串联谐振过电压**

拉开自耦变压器时串联谐振回路的形成如图 3-12 所示,图 3-12(a)为某 500 kV 六边形结线的变电所电路示意图,在各结点上都有一个配出回路。在结点 A,除了接有一台自耦变压器 ZB 外,还接有串激式电压互感器 YH。自耦变压器停运检修,高压开关 $DL_1$、$DL_2$ 和隔离刀闸 $G_3$ 拉开。结点 A 的电压互感器 YH 通过高压开关触头断口分闸状态时并联的均压电容和500 kV 带电系统连接,如图 3-12(b)所示。过了一会儿,电压互感器 YH 上产生很强的电晕,随即开始冒烟。造成事故的原因是:电压互感器 YH 的线圈电感与高压开关触头断口的均压电容 $C_1$、$C_2$ 并联回路串联,形成串联谐振电路,电压互感器 YH 上出现严重过电压,流过很大的励磁电流,使截面很小的线圈导线过热烧坏。

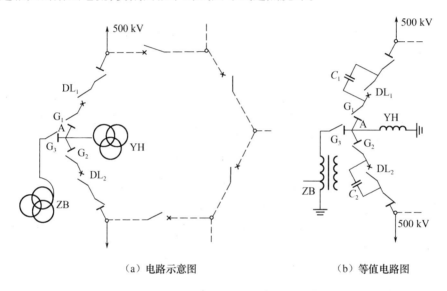

(a)电路示意图　　　　　　　　(b)等值电路图

**图 3-12　拉开自耦变压器时串联谐振回路的形成**

为了防止这一类操作过电压烧坏电气设备,一般在操作先后顺序上做出规定,防止形成电感电容串联谐振电路。例如在图 3-12 的例子中,为了防止形成串联谐振电路,在自耦变压器 ZB 停电操作时,应先拉开 $G_1$、$G_2$,再拉开 $G_3$。其操作顺序为:首先拉开自耦变压器 ZB 中低压侧各配出线开关,然后拉开高压开关 $DL_1$、$DL_2$ 和隔离刀闸 $G_1$、$G_2$,最后拉开 $G_3$。自耦变压器停运后,为了使六边形闭环,先合 $DL_1$,再合 $G_1$、$G_2$,最后合上 $DL_2$。在自耦变压器投运操作时,先拉开开关 $DL_2$,六边形接线开关;拉开刀闸 $G_1$、$G_2$;拉开开关 $DL_1$;合上刀闸 $G_3$;然后再合上刀闸 $G_1$、$G_2$;合上开关 $DL_1$、$DL_2$,六边形闭环。最后操作自耦变压器中、低压侧各配出线开关,使其配出负荷。

采取上述操作顺序的目的是在拉开开关 $DL_1$、$DL_2$ 时,在结点 A 除了电压互感器 YH 外,还有自耦变压器 ZB 的对地电感电抗,改变了电感参数匹配,使回路脱离谐振值。

**2. 合空载变压器过电压**

合空载变压器是一种常见的操作。空载变压器相当于一个励磁电感与一个电容并联。如果变压器中性点直接接地,开关的三相同期性能较好,合空载变压器可以视为单相电源对电感、电容并联回路合闸进行分析,过电压的幅值一般不大。如果变压器中性点不接地,开关三相非同期合闸,母线电容、变压器对地电容和匝间电容与变压器电感引起振荡,产生较高的过电压。特别是变压器的中性点对地电压较高,容易引起设备损坏。

在中性点直接接地系统中,为了降低单相接地短路电流,不是所有的变压器中性点都接地的。在正常运行中,调度指定一部分变压器的中性点接地,另一部分变压器的中性点不接地。在中性点不接地的变压器空载合闸时,为了防止中性点过电压而招致损坏,应首先将变压器的中性点刀闸合上,然后再合空载变压器。变压器合闸完毕后,再将中性点刀闸拉开。

**3. 电容耦合传递过电压**

两种电压等级的电网,通过两条平行线路之间的电容耦合,或通过变压器高、低压绕组之间的电容耦合,使一种电压等级电网的中性点位移电压传递到另一种电压等级的电网中引起过电压,称为电容耦合传递过电压。

在中性点不接地系统中,这种电容传递过电压很容易发生,如果参数处于谐振范围,则会产生很高的过电压。例如,某变电所 10 kV 单相接地,使接在 10/6.3 kV 变压器二次 6.3 kV 侧的电动机被过电压击穿,其原因就是电容耦合传递过电压。

实际上,操作过电压的例子数不胜数。为了防止过电压损坏电气设备,可以采用避雷器或阻容吸收装置,但有时仍然无济于事。有时需要采用模拟电路进行分析计算,找出防止操作过电压的措施,例如串接电感线圈或改变电路中的电容,以免出现谐振过电压。

# 第四章　变电所综合自动化装置调试

在变电所监控室内对 CSC – 103 型微机馈线保护测控装置进行调试,掌握调试的目的、注意事项、调试前的硬件与电源检查等。

## 第一节　馈线保护装置概述

### 一、微机馈线保护装置适用范围及配置

以 CSC – 103 型微机馈线保护装置为例,介绍其安装调试与运行维护。

CSC – 103A/103B 型数字式超高压线路保护装置适用于 220 kV 及以上电压等级的高压输电线路,其主保护为纵联电流差动保护,后备保护为三段式距离保护、四段式零序电流保护、综合重合闸等。监控机和服务器需安装的软件程序见表 4 – 1。

表 4 – 1　监控机和服务器需安装的软件程序

| 装置型号 | 主保护 | 后备保护 | | 综合重合闸 | 备注 |
|---|---|---|---|---|---|
| | 纵联电流差动 | 三段式距离 | 四段式零序 | | |
| CSC – 103A | √ | √ | √ | | 适用于双母线及 3/2 断路器接线的各种形式 |
| CSC – 103B | √ | √ | √ | √ | 适用于双母线接线形式 |

### 二、微机馈线保护装置硬件结构( CSC – 103 型装置的硬件结构)

(一)面板上各元件说明

CSC – 103 型保护测控装置外形如图 4 – 1 所示。

(1)装置液晶屏左侧为运行灯、跳 A 灯、跳 B 灯、跳 C 灯、重合灯、充电灯、通道告警灯、告警灯;对 A 型装置,重合灯、充电灯为备用。

①运行灯:正常为绿色光,当有保护启动时为闪烁状态。

②跳 A 灯、跳 B 灯、跳 C 灯:保护跳闸出口灯,动作后为红色,正常情况下

熄灭。

③重合灯:B 型装置重合闸出口灯,动作后为红色,正常情况下熄灭。

④充电灯:B 型装置重合闸充满电后亮起,为绿色,重合闸停用或重合闸被闭锁放电后熄灭。

⑤通道告警灯:正常情况下熄灭,当通道未接或中断时亮起,为红色;

⑥告警灯:此灯正常情况下熄灭,动作后为红色。有告警Ⅰ时(严重告警),装置面板告警灯闪烁,退出所有保护的功能,装置闭锁保护出口电源;有告警Ⅱ时(设备异常告警),装置面板告警灯常亮,仅退出相关保护功能,不闭锁保出口电源。

图 4 –1　CSC –103 型保护测控装置外形

(2)液晶屏右侧四方键盘的说明。

①SET:确认键,用于设置或确认。

②QUIT:按此键后,装置取消当前操作,回到上一级菜单;循环显示时,按此键,可固定显示当前屏幕的内容(屏右上角出现一个钥匙标识,即定位当前屏幕),再按此键即可取消固定。

③上、下、左、右:选择键,用于从液晶屏上选择菜单功能命令。左、右移动光标,上、下改变内容。

(3)"信号复归"按钮。

用来复归信号灯和使屏幕恢复到循环显示状态。

(4)液晶屏下部四个快捷键及两个功能键。

①F1 键:按一下此键后提示"是否打印最近一次动作报告",选"是"提示"录波打印格式",可选图形格式或数据格式打印。另一个作用是在查看定值时按此键屏幕可向下翻页。

②F2：按一下此键后提示"是否打印当前定值区的定值？"在查看定值时可按此键使屏幕向上翻页。

③F3 键：按一下此键后提示"是否打印采样值？"。

④F4 键：按一下此键后提示"是否打印装置信息和运行工况？"。

⑤+键：功能键，使定值区加 1。按一下此键后提示"选择要切换的定值区号：××""当前定值区号：××""切换到定值区：××"。

⑥-键：功能键，使定值区减 1。按一下后此键提示"选择要切换到的定值区号：××""当前定值区号：××""切换到定值区：××"。

（5）SIO 插座。

用于连接外接 PC 用的 9 针插座，为调试工具软件 CSPC 的专用接口。

## （二）装置功能组件概述

CSC-103A 型装置插件布置见表 4-2（背板端子见表 4-3），包括交流插件、保护 CPU 插件、启动 CPU 插件、管理板、开入插件、扩展插件（可选配）、开出插件 1、开出插件 2、开出插件 3、电源插件。另外，装置面板上配有人机接口组件。X1～X10 为装置背后接线端子编号。

**表 4-2　CSC-103A 型装置插件布置**

| CSC-103A 数字式高压馈线保护装置插件布置图 | | | | | | | | | |
|---|---|---|---|---|---|---|---|---|---|
| 1<br>AC₁<br>交流<br>X1 | 2<br>CPU1 | 3<br>CPU2 | 4<br>MASTER<br>管理<br>X3 | 5<br>I1<br>开入<br>X4 | 扩展<br>X5 | 6<br>O1<br>开出 1<br>X6、X7 | 7<br>O2<br>开出 2<br>X5 | 8<br>O3<br>开出 3<br>X9 | 9<br>POWER<br>电源<br>X10 |

**表 4-3　CSC-103A 型装置的背板端子**

| X4（开入插件） | | | X3（管理插件） | | |
|---|---|---|---|---|---|
| 序号 | c | a | 备用 | 1 | |
| 2 | — | — | 打印发 | 2 | |
| 4 | 跳位 A | 差动压板 | 打印收 | 3 | 以 |
| 6 | 跳位 B | 距离Ⅰ段压板 | 打印地 | 4 | 太 |
| 8 | 跳位 C | 距离Ⅱ、Ⅲ段压板 | 485-2B | 5 | 网 |
| 10 | 备用 | 零序段压板 | 485-2A | 6 | |
| 12 | 远传命令 1 | 零序其他段压板 | 485-1B | 7 | |

续表 4－3

| X4（开入插件） | | X3（管理插件） | | |
|---|---|---|---|---|
| 14 | 远传命令 2 | 零序反时限压板 | 485－1A | 8 |
| 16 | 备用 | 通道 A 检修 | GPS | 9 |
| 18 | 备用 | 沟通三跳 | GPS/GND | 10 |
| 20 | 远方跳闸 | 通道 B 检修 | LON－2A | 11 |
| 22 | 备用 | 闭锁远方操作 | LON－2B | 12 |
| 24 | 沟通三跳 | 检修状态压板 | GPS/GND | 13 |
| 26 | 备用 | 信号复归 | LON－1A | 14 |
| 28 | — | | LON－1B | 15 |
| 30 | 告警Ⅰ（非保持） | | 备用 | 16 |
| 32 | 告警Ⅱ（保持） | | | |

以太网

| X1（交流插件） | | | X10（电源插件） | | | X9（开出插件） | |
|---|---|---|---|---|---|---|---|
| 序号 | b | a | 序号 | c | a | c o—— /——o a | |
| 1 | IA′ | IA | 2 | R24V＋输出 | | 2 | 保护动作 1 |
| 2 | IB′ | IB | 4 | | | 4 | 保护动作 2 |
| 3 | IC′ | IC | 6 | — | | 6 | 保护动作 3 |
| 4 | IN′ | IN | 8 | R24V－输出 | | 8 | 保护动作 4 |
| 5 | — | — | 10 | | | 10 | 永跳触点 1 |
| 6 | — | — | 12 | | | 12 | 永跳触点 2 |
| 7 | — | — | 14 | 直流消失 | | 14 | 单跳触点 |
| 8 | — | — | 16 | 直流消失 | | 16 | 三跳触点 |
| 9 | UC | UB | 18 | — | | 18 | 远传命令 2－1 |
| 10 | UN | UA | 20 | 1 | | 20 | 远传命令 2－2 |
| 11 | — | — | 22 | | | 22 | 告警Ⅰ（保持） |
| — | — | — | 24 | — | | 24 | 告警Ⅰ（非保持） |
| — | — | — | 26 | 2 | | 26 | 告警Ⅱ（保持） |
| — | — | — | 28 | | | 28 | 告警Ⅱ（非保持） |
| — | — | — | 30 | | | 30 | 备用（保持） |
| — | — | — | 32 | | | 32 | 备用（非保持） |

开出

信号

续表 4 – 3

| X8（开出插件） | | X7（开出插件） | | | X5（扩展插件） | |
|---|---|---|---|---|---|---|
| 序号 | c ○——／——○ a | 序号 | c | a | c | a |
| 2 | 通道 A 告警 1 | 2 | 分相跳 2（＋） | 分相跳 1（＋） | 触点输入 1 | 触点输入 2 |
| 4 | 通道 A 告警 2 | 4 | 三相跳 2（＋） | 三相跳 1（＋） | 触点输入 3 | 触点输入 4 |
| 6 | 通道 A 告警 3 | 6 | 失灵 2（＋） | 失灵 1（＋） | 触点输入 5 | 触点输入 6 |
| 8 | 通道 A 告警 4 | 8 | 备用 | | COM | |
| 10 | 通道 B 告警 1 | 10 | 跳 A2 | 跳 A1 | 触点输出 1 – 1 | — |
| 12 | 通道 B 告警 2 | 12 | 跳 B2 | 跳 B1 | 触点输出 2 – 1 | — |
| 14 | 通道 B 告警 3 | 14 | 跳 C2 | 跳 C1 | 触点输出 3 – 1 | — |
| 16 | 通道 B 告警 4 | 16 | 三跳 2 | 三跳 1 | 触点输出 4 – 1 | — |
| 18 | 远传命令 1 – 1 | 18 | 永跳 2 | 永跳 1 | 触点输出 5 – 1 | — |
| 20 | 远传命令 1 – 2 | 20 | 启动失灵 A2 | 启动失灵 A1 | 触点输出 6 – 1 | — |
| 22 | 保护动作（保持） | 22 | 启动失灵 B2 | 启动失灵 B1 | 触点输出 1 – 2 | — |
| 24 | 保护动作（非保持） | 24 | 启动失灵 C2 | 启动失灵 C1 | 触点输出 2 – 2 | |
| 26 | 备用（保持） | 26 | 单跳启动重合 1 | | 触点输出 3 – 2 | |
| 28 | 备用（非保持） | 28 | 单跳启动重合 2 | | 触点输出 4 – 2 | |
| 30 | 备用（保持） | 30 | 三跳启动重合 1 | | 触点输出 5 – 2 | |
| 32 | 备用（非保持） | 32 | 三跳启动重合 2 | | 触点输出 6 – 2 | |

（X8 列中部标注「快速开出」及「信号」；X7 列中部标注「快速开出」及「信号」）

　　CSC – 103B 型装置插件布置，见表 4 – 4（背板端子见表 4 – 5）。包括交流插件、保护 CPU 插件、启动 CPU 插件、管理板、开入插件 1、开入插件 2、开出插件 1、开出插件 2、开出插件 3、电源插件。另外，装置面板上配有人机接口组件。X1 ~ X10 为装置背后端子编号。

表 4 – 4　CSC – 103B 型装置插件布置

| CSC – 103B 数字式高压馈线保护装置插件布置图 | | | | | | | | | |
|---|---|---|---|---|---|---|---|---|---|
| 1 交流 X1 | 2 CPU1 | 3 CPU2 | 4 管理 X3 | 5 开入 1 X4 | 6 开入 1 X5 | 7 开入 1 X7 | 8 开入 2 X8 | 9 开入 3 X9 | 10 POWER 电源 X10 |

表 4 – 5   CSC – 103B 型装置的背板端子

| 序号 | c | a | 备用 | 1 | |
|---|---|---|---|---|---|
| | **X5（开入插件）** | | **X3（管理插件）** | | |
| 2 | R24 + 输入 | | 打印发 | 2 | |
| 4 | 跳位 A | 单重 | 打印收 | 3 | |
| 6 | 跳位 A | 三重 | 打印地 | 4 | |
| 8 | 跳位 A | 综重 | 485 – 2B | 5 | |
| 10 | 备用 | 重合闸停用 | 485 – 2A | 6 | |
| 12 | 远传命令 1 | 备用 | 485 – 1B | 7 | |
| 14 | 远传命令 2 | 闭锁重合闸 | 485 – 1A | 8 | |
| 16 | 备用 | 三跳启动重合 | GPS | 9 | 以 |
| 18 | 备用 | 单跳启动重合 | GPS/GND | 10 | 太 |
| 20 | 远方跳闸 | 备用 | LON – 2A | 11 | 网 |
| 22 | 低气压闭锁重合 | 备用 | LON – 2B | 12 | |
| 24 | 沟通三跳 | 备用 | GPS/GND | 13 | |
| 26 | 闭锁重合闸 | 备用 | LON – 1A | 1 | |
| 28 | 三跳启动重合 | 备用 | LON – 1B | | |
| 30 | 单跳启动重合 | — | 备用 | 16 | |
| 32 | R24 – 输入 | | | | |

| 序号 | b | a | 序号 | c | a | 序号 | c ⟋ a | |
|---|---|---|---|---|---|---|---|---|
| | **X1（交流插件）** | | **X10（电源插件）** | | | **X9（开出插件）** | | |
| 1 | IA′ | IA | 2 | R24V + 输出 | | 2 | 合闸出口 1 | |
| 2 | IB′ | IB | 4 | | | 4 | 合闸出口 2 | |
| 3 | IC′ | IC | 6 | — | | 6 | 备用 | |
| 4 | IN′ | IN | 8 | | | 8 | 备用 | |
| 5 | — | — | 10 | R24V – 输出 | | 10 | 永跳触点 1 | 开出 |
| 6 | — | — | 12 | | | 12 | 永跳触点 2 | 信号 |
| 7 | — | — | 14 | 直流消失 | | 14 | 单跳触点 | |
| 8 | — | — | 16 | 直流消失 | | 16 | 三跳触点 | |
| 9 | UC | UB | 18 | | | 18 | 远传命令 2 – 1 | |

续表 4－5

| X1（交流插件） | | | X10（电源插件） | | | X9（开出插件） | | |
|---|---|---|---|---|---|---|---|---|
| 序号 | b | a | 序号 | c | a | 序号 | c ——／—— a | |
| 10 | UN | UA | 20 | | 1 | 20 | 远传命令 2－2 | 开出信号 |
| 11 | — | — | 22 | | | 22 | 告警Ⅰ（保持） | |
| — | — | — | 24 | — | | 24 | 告警Ⅱ（非保持） | |
| — | — | — | 26 | | | 26 | 告警Ⅱ（保持） | |
| — | — | — | 28 | | 2 | 28 | 告警Ⅱ（非保持） | |
| — | — | — | 30 | | | 30 | 低气压闭锁重合（保持） | |
| — | — | — | 32 | | | 32 | 低气压闭锁重合（非保持） | |

| X8（开出插件） | | | X7（开出插件） | | |
|---|---|---|---|---|---|
| 序号 | c ——／—— a | | 序号 | c | a |
| 2 | 通道 A 告警 1 | 快速开出 | 2 | 分相跳 2（＋） | 分相跳 1（＋） |
| 4 | 通道 A 告警 2 | | 4 | 三相跳 2（＋） | 三相跳 1（＋） |
| 6 | 通道 A 告警 3 | | 6 | 失灵（＋） | 分相跳 3（＋） |
| 8 | 通道 A 告警 4 | | 8 | 备用 | |
| 10 | 通道 B 告警 1 | | 10 | 跳 A2 | 跳 A1 |
| 12 | 通道 B 告警 2 | | 12 | 跳 B2 | 跳 B1 |
| 14 | 通道 B 告警 3 | | 14 | 跳 C2 | 跳 C1 |
| 16 | 通道 B 告警 4 | | 16 | 三跳 2 | 三跳 1 |
| 18 | 远传命令 1－1 | | 18 | 永跳 2 | 永跳 1 |
| 20 | 远传命令 1－2 | | 20 | 启动失灵 A | 跳 A3 |
| 22 | 保护动作（保持） | 信号 | 22 | 启动失灵 B | 跳 B3 |
| 24 | 保护动作（非保持） | | 24 | 启动失灵 C | 跳 C3 |
| 26 | 备用（保持） | | 26 | 单跳启动重合 1 | |
| 28 | 备用（非保持） | | 28 | 单跳启动重合 2 | |
| 30 | 备用（保持） | | 30 | 三跳启动重合 1 | |
| 32 | 备用（非保持） | | 32 | 三跳启动重合 2 | |

　　CSC－103A（B）型装置端子电流、电压极性端应分别与电流互感器和电压互感器的极性端相连。另外，需强调的是，TV 二次引入线要按反事故技术措施要点

执行,以免运行中装置出现异常行为。

## (三)各插件功能介绍

### 1. 交流插件

交流插件的作用是将系统电压互感器 TV 和电流互感器 TA 二次信号变换成保护装置所需的弱电信号,同时起隔离和抗干扰作用。CSC - 103A、CSC - 103B 型保护装置交流插件完全一样,背面接线端子为 X1,B 型有 8 个(A 型 7 个,无 $U_x$)模拟量输入变换器(TV 及 TA),分别用于 $U_A$、$U_B$、$U_C$、$U_x$、$I_A$、$I_B$、$I_C$ 和 $3I_0$ 的输入变换。

(1)保护相电流变换器有两种类型:额定输入电流 5 A,线性范围 500 mA ~ 150 A;额定输入电流 1 A,线性范围 100 mA ~ 30 A。因此订货时请注明。请注意 IN 为非极性端。

(2)电压变换器固定为:相电压额定值为 $100/\sqrt{3}$ V,线路抽取电压 $U_x$ 为 100 V,零序电压全部取自自产 $3U_0$。

### 2. CPU 插件

CPU 插件由 MCU 与 DSP 合一的 32 位单片机组成,保持总线不出芯片的优点,程序完全在片内运行,内存 FLASH 为 1 MB,RAM 为 64 KB。CPU 插件有两块,它们软件相同、硬件不同,用地址设置来区别 CPU1 和 CPU2。在 CPU 的把手侧有 AD3、AD2、AD1、AD0 四组跳线插针,跳线插针旁边标有 H 和 L,H 表示高电平,L 表示低电平,用来设置地址。CPU1 是保护 CPU 的插件,具有光纤通信功能,它是装置的核心插件,主要完成采样、A/D 变换计算、上送模拟量及开入量信息、保护动作原理判断、事故录波功能、软硬件自检等行为。装置的光纤差动保护 CPU 自带 64 kbit/s、2 Mbit/s 兼容的数据接口,需要根据用户要求配置 1 个或 2 个数据接口。

单通道 CPU1 板号与双通道 CPU1 板号有所不同,双通道 CPU1 板可以兼容单通道 CPU1 板。

### 3. 管理板

管理板也称为通信板,该插件是装置的管理和通信插件,插件背板为 X3,是承接保护装置与外界通信及信息的管理插件,可以与面板、PC 调试软件、监控后台、工程师站、远动、打印机等联系。根据保护的配置组织上送遥测、遥信、SOE、时间报文和录波信息等。管理板可根据需要设置 LON 网口、双以太网口和 RS485 口,以满足不同监控和远动系统的要求。另外,管理板上设置有 GPS 对时功能,可满足网络对时、脉冲对时、IRIG - N 码对时方式的要求。它还配有串行打印口。

注:早期产品的该插件背板为 X2,插件提供一组 GPS 对时端子,一组 RS485

网络端子,一组 LoN – Works 网络端子,两组电以太网络端子,可以根据用户需求选配两组光以太网。

**4. 开入板**

A 型开入板的背板接线端子为 X4,用来接入跳闸位置、保护压板、通道状态、远传命令、沟通三跳等开关量输入信号。

B 型开入板 1、2 的背板接线端子 X4、X5,用来接入跳闸位置、有关重合闸方式控制的压板、通道状态、远传命令等开关量输入信号。

每块开入板都有两组开入回路和自检回路,能对回路进行实时自检。开入板 24 V 直接引入,如需要其第二组开入也可接 220 V 或 110 V 开入,但用户在订货时要注明,以便使用正确的开入插件型号。

注:如要接 220 V 或 110 V 开入,需要更换插件,A 型换成 X4,B 型换成 X5。

**5. 开出插件**

A 型开出插件设置了 3 块开出插件,开出插件 1 是组合插件,其背板接线端子为 X6、X7,插件 2、插件 3 背板接线端子为 X8、X9。B 型开出插件设置 3 块插件,背板接线端子为 X7、X8、X9。插件主要输出跳闸等触点信号,直接从板子上引出,抗干扰性能好。

**6. 电源插件**

该插件适用于 A 型和 B 型装置,背板接线端子为 X10,采用了直流逆变电源插件,插件输入直流 220 V 或 110 V(订货时请注明),输出保护装置所需 5 组电源。

① +24 V 两组:开入、开出板电源。② ±12 V:模拟量用电源。③ +5 V:各 CPU 逻辑用电源。

**7. 人机接口(MMI)**

固定在装置前面板上,设有液晶显示屏、各按键、复归按钮及和 PC 通信的 RS232 串口。

### 三、CSC – 103 装置的技术参数

**(一)额定参数**

(1)交流电压:$100/\sqrt{3}$ V,线路抽取电压 100 V 或 $100/\sqrt{3}$ V。

(2)交流电流:5 A、1 A 可选。

(3)交流频率:50 Hz。

(4)直流电压:220 V、110 V 可选。

(5)开入输入直流电压是 24 V(默认),可选 220 V(110 V)。

（二）输出触点容量

**1. 输出口触点容量**

（1）工作容量：在电压不大于250 V,允许长期工作电流为5 A时,允许通过的瞬时冲击容量为1 250 V · A或150 W。

（2）断开容量：AC 250 V(DC 30 V)/5 A。

**2. 其他触点容量**

（1）工作容量：在电压不大于250 V、允许长期工作电流为3 A时,允许通过的瞬时冲击容量为62.5 V · A或30 W。

（2）断开容量：AC 250 V(DC 30 V)/3A。

（三）主要技术性能指标

**1. 交流回路精确工作范围**

（1）相电压：0.25～70 V。

（2）检同期电压：0.4～120 V。

（3）电流：$(0.08～30)I_N$。

**2. 差动元件**

（1）整定范围：$(0.1～2)I_N$,级差0.01 A(5 A);0.05～200 Ω(1 A),级差0.01 Ω。

（2）整定值误差：不大于±2.5%或$±0.02I_N$。

（3）动作时间：2倍整定值时,不大于20 ms。

**3. 距离元件**

（1）整定范围：0.01～40 Ω(5 A),0.05～200 Ω(1 A),级差0.01 Ω。

（2）距离Ⅰ段的暂态超越：不大于±4%。

（3）距离Ⅰ段的动作时间：近处故障不大于15 ms,0.7倍整定值以内时不大于20 ms。

（4）测距误差(不包括装置外部原因造成的误差)：金属性短路故障电流大于$0.01I_N$时,不大于±2%,有较大过渡电阻时测距误差将增大。

**4. 零序方向过流元件**

（1）整定范围：$(0.1～20)I_N$,级差0.01 A。

（2）零序电流Ⅰ段的暂态超越：不大于±4%。

（3）零序电流Ⅰ段的动作时间：1.2倍整定值时,不大于20 ms。

（4）零序功率方向元件的正方向动作区：18°～180°。

**5. 综合重合闸**

(1)检同期角度误差:不大于 ±3°。

(2)检同期有压元件误差:$0.7U_N \times (1 \pm 3\%)$。

(3)检无压元件误差:$0.3U_N \times (1 \pm 3\%)$。

**6. 时间元件。**

(1)整定范围:0~10 s,级差 0.01 s。

(2)整定误差:不大于 ±5% 或 20 ms。

# 第二节　变压器保护测控装置调试

## 一、变压器保护装置概况

下面以 CSC－326 数字式变压器保护装置为例,了解变压器保护装置的安装调试与运行维护。

### (一)适用范围

CSC－326 数字式变压器保护装置采用主保护和后备保护一体化的设计,主要适用于 110 kV 及以上电压等级的各种接线方式的变压器。该装置可用于最大六侧制动的变压器。该装置适用于变电站综合自动化系统,也可用于常规变电站。

不同型号的装置应用场合不同,CSC－326 数字式变压器保护配置见表 4－6。CSC－326 变压器保护装置外形如图 4－2 所示。

图 4－2　CSC－326 变压器保护装置外形

表 4 – 6　CSC – 326 数字式变压器保护配置

| 型号 | 应用场合 |
|------|---------|
| CSC – 326A | 220 kV 低压不带分支的双绕组变压器 |
| CSC – 326B | 220 kV 低压不带分支的三绕组变压器 |
| CSC – 326C | 330 kV 及以上电压等级的变压器 |
| CSC – 326D | 220 kV 及以上电压等级的变压器 |
| CSC – 326EA | 220 kV 变压器,主保护和后备保护接入不同的 TA |
| CSC – 326EB | 330 kV 及以上电压等级变压器,主保护和后备保护接入不同的 TA |
| CSC – 326EC | 330 kV 及以上电压等级变压器,主保护和后备保护接入不同的 TA,最大六侧制动 |
| CSC – 326FA | 110 kV 变压器,主保护和后备保护一体化,最大四侧制动 |
| CSC – 326FB | 110 kV 变压器,主保护,最大三侧制动 |
| CSC – 326FC | 110 kV 变压器,主保护,最大四侧制动 |
| CSC – 326FD | 110 kV 电压等级变压器后备保护 |
| CSC – 326G | 330 kV 及以下电压等级的变压器,主保护,各侧后备保护完全独立 |

## (二)装置主要特点

### 1. 具有高性能、高可靠、大资源的硬件系统

采用 DSP 和 MCU 合一的 32 位单片机,高性能的硬件体系保证了装置对所有继电器进行并行实时计算,保持了总线不出芯片的优点,可靠性高。大容量的故障录波储存容量达 4 MB,全程记录故障数据,可以保存 24 次以上。完整的事件记录和动作报告,可保存不少于 2 000 条动作报告和 2 000 次操作记录,停电不丢失。

### 2. 硬件自检智能化

装置内部各模块智能化设计,实现了装置各模块全面实时自检。模拟量采集回路采用双 A/D 冗余设计,实现了模拟量采集回路的实时自检。

继电器检测采用新方法,可以检测继电器励磁回路线圈完好性、监视出口触点的状态,实现了继电器状态的检测与异常告警。

开入回路检测采用新方法,开入状态经两路光隔同时采集后判断。对微机保护的电源模块各级输出电压进行实时监测。对机箱内温度进行实时监测。

### 3. 用户界面人性化

采用大液晶屏显示,可实时显示电流、电压、功率、频率、压板状态、定值区等

信息,可根据用户要求配置。

汉化操作菜单简单易用,对运行人员和继保人员赋予不同权限,确保了安全性。装置提供四个快捷键,可以实现"一键化"操作,方便了现场运行人员的操作。

装置面板采用一体化设计、一次精密铸造成形的弧面结构,具有造型美观、精度高、造价低、安装方便等特点。

**4. 可选择的励磁涌流判别原理**

提供了两种方法识别励磁涌流,分别为二次谐波原理和模糊识别原理,用户可以选择其中一种原理。

**5. 方便的差动保护二次电流相位自动补偿**

软件采用 Y-△ 变换调整变压器各侧 TA 二次电流相位,使得变压器各侧 TA 可以按星形接法接入。

**6. 可靠的比例制动差动保护**

采用三段式折现特性,提高了区外故障大电流导致 TA 饱和时的制动能力。

**7. 自适应的比率制动差动保护**

通过自动识别故障状态的变化,采用自适应的差动保护,提高了区外故障切除时防误动的能力。

**8. 具有 TA 饱和综合判据**

在比率制动差动保护采用了 TA 饱和的综合判据,可以有效识别 TA 饱和,从而有效防止区外故障时 TA 饱和引起的差动保护误动作。

**9. 可靠、灵敏的制动电流选取方式**

新型的制动电流选取方式,保证了变压器区内故障时制动量较小、区外故障时制动量较大,兼顾了保护的灵敏性和可靠性。

**10. 灵活完善的后备保护配置**

后备保护配置灵活,出口采用矩阵整定,满足各种变压器接线要求。

(三)CSC-326B 型变压器保护装置的配置

CSC-326B 型变压器保护装置(主要适用于 220 kV 的三绕组变压器且低压侧不带分支)配置见表 4-7。

表 4 - 7　CSC - 326B 型变压器保护装置配置

| 保护类型 | | 段数 | 每段时限数 | 备注 |
|---|---|---|---|---|
| 主保护 | 差动速断 | Ⅰ、Ⅱ | 3/Ⅰ、3/Ⅱ | — |
| | 二次谐波比例差动 | Ⅰ | 1/Ⅰ、1/Ⅱ | 两者任选其一 |
| | 模糊判别比例差动 | Ⅰ | 2/Ⅰ | |
| | 零序差动保护 | Ⅰ | 2/Ⅰ | 只适用于自耦变压器 |
| 高压测后备保护 | 复合电压闭锁方向过电流保护 | Ⅰ、Ⅱ | 3/Ⅰ、3/Ⅱ | 复合电压可投退、方向可投退 |
| | 复合电压闭锁过电流保护 | Ⅰ | 2/Ⅰ | 复合电压可投退 |
| | 零序方向过电流保护 | Ⅰ、Ⅱ | 3/Ⅰ、3/Ⅱ | 可以取中性点 $3I_0$ 或自产 $3I_0$ |
| | 零序过电流保护 | Ⅰ | 2/Ⅰ | 固定取中性点 $3I_0$ |
| | 间隙过电流保护 | Ⅰ | 2/Ⅰ | 一般取自专用间隙 TA,可选择与间隙过电压保护并联输出 |
| | 间隙过电压保护 | Ⅰ | 2/Ⅰ | 可选择与间隙过电流保护并联输出 |
| | 非全相保护 | Ⅰ | 2/Ⅰ | — |
| | 过负荷 | Ⅰ | 1/Ⅰ | 告警 |
| | 启动风冷 | Ⅰ、Ⅱ | 1/Ⅰ、1/Ⅱ | — |
| | 闭锁调压 | Ⅰ | 1/Ⅰ | — |
| 中压测后备保护 | 复合电压闭锁方向过电流保护 | Ⅰ、Ⅱ | 3/Ⅰ、3/Ⅱ | 复合电压可投退、方向可投退 |
| | 复合电压闭锁过电流保护 | Ⅰ | 2/Ⅰ | 复合电压可投退 |
| | 零序方向过电流保护 | Ⅰ、Ⅱ | 3/Ⅰ、3/Ⅱ | 可以取中性点 $3I_0$ 或自产 $3I_0$ |
| | 零序过电流保护 | Ⅰ | 2/Ⅰ | 固定取中性点 $3I_0$ |
| | 间隙过电流保护 | Ⅰ | 2/Ⅰ | 一般取自专用间隙 TA,可选择与间隙过电压保护并联输出 |
| | 间隙过电压保护 | Ⅰ | 2/Ⅰ | 可选择与间隙过电流保护并联输出 |
| | 充电保护 | Ⅰ | 1/Ⅰ | — |
| | 过负荷 | Ⅰ | 1/Ⅰ | 告警 |

续表 4 - 7

| | 保护类型 | 段数 | 每段时限数 | 备注 |
|---|---|---|---|---|
| 低压侧后备保护 | 复合电压闭锁方向过电流保护 | Ⅰ、Ⅱ | 3/Ⅰ、3/Ⅱ | 复合电压可投退、方向可投退 |
| | 电流限时速断保护 | Ⅰ | 2/Ⅰ | — |
| | 充电保护 | Ⅰ | 1/Ⅰ | — |
| | 零序过电压保护 | Ⅰ | 1/Ⅰ | 取自产 $3U_0$，用于告警 |
| | 过负荷 | Ⅰ | 1/Ⅰ | 告警 |
| 公共绕组保护 | 过负荷 | Ⅰ | 1/Ⅰ | 只适用于自耦变压器 |
| | 过电流保护 | Ⅰ | 1/Ⅰ | |
| | 零序电流告警 | Ⅰ | 1/Ⅰ | |

（四）主要技术参数

**1. 额定直流电源电压**

220 V 或 110 V。

**2. 额定交流参数**

（1）相电压：$100\sqrt{3}$ V。

（2）开口三角电压：300 V。

（3）交流电流：5 A 或 1 A。

（4）频率：50 Hz。

**3. 功耗**

（1）电流电源回路：正常工作时，不大于 35 W；保护动作时，不大于 60 W。

（2）交流电流回路：当 IN = 5 A 时，不大于 1 V·A/相；当 IN = 1 A 时，不大于 0.5 V·A/相。

（3）交流电压回路：在额定电压下不大于 0.5 V·A/相。

**4. 过载能力**

（1）交流电流回路：2 倍额定电流，可以连续工作；40 倍额定电流，允许工作 1 s。

（2）交流电压回路：1.2 倍额定电压，可以连续工作。

(3)直流电源回路:80%~120%额定电压,可以连续工作。

**5. 输出触点容量**

(1)跳闸触点容量:在电压不大于 250 V、电流不大于 1 A、时间常数 $L/R$ 为 5 ms ±0.75 ms 的直流有感负荷回路中,触点断开容量为 50 W,允许长期通过电流不大于 5 A。

(2)其他触点容量:在电压不大于 250 V、电流不大于 0.5 A、时间常数 $L/R$ = 5 ms ±0.75 ms 的直流有感负荷回路中,触点断开容量为 30 W,允许长期通过电流不大于 3 A。

## (五)主要技术性能指标

**1. 交流回路精确工作范围**

(1)相电压:1~100 V。

(2)开口三角电压:3~300 V($U_N$ = 300 V)或 1~100 V($U_N$ = 100 V)。

(3)电流:(0.08~20)$I_N$,为装置 TA 的额定电流。

**2. 动作精度**

(1)电流元件:小于 ±5%。

(2)电压元件:小于 ±5%。

(3)方向元件:小于 ±2%。

(4)过励磁倍数:小于 ±2.5%。

**3. 相间差动保护**

(1)三折线制动特性,第二段折线斜率:0.3~0.7,一般取 0.3~0.5。

(2)差动保护最小动作电流整定范围:(0.3~1.0)$I_\varepsilon$。

(3)纵差速断动作电流整定范围:(6~12)$I_\varepsilon$。

(4)二次谐波制动系数整定范围:0.05~0.30。

(5)整定值误差:不大于 ±5% 或 ±0.02$I_N$。

(6)差动速断保护的固有动作时间为 1.5 倍整定值时,不大于 20 ms。

(7)相间差动保护的固有动作时间为 2 倍整定值时,不大于 30 ms。

注:$I_\varepsilon$ 为变压器二次额定电流。

**4. 零序差动保护**

(1)采用两段比率制动特性。

(2)零差保护最小动作电流整定范围:(0.3~1.0)$I_\varepsilon$。

(3)比率制动系数:0.3~0.7,一般取 0.3~0.5。

(4)整定值误差:不大于 ±5% 或 ±0.02$I_N$。

(5)零序差动保护的固有动作时间为 2 倍整定值时,不大于 30 ms。

**5. 阻抗保护**

(1)整定范围:额定值 5 A 时为 0.1 ~ 25 Ω,额定值 1 A 时为 0.5 ~ 125 Ω。

(2)整定值误差:不大于 ±3% 或 ±0.1 Ω。

(3)返回系数:不大于 1.1。

(4)固有延时(0.7 倍整定值):不大于 40 ms

**6. 相间方向过电流保护**

(1)过电流整定范围:$(0.1 ~ 20)I_N$。

(2)低电压整定范围:40 ~ 100 V。

(3)负序电压整定范围:2 ~ 20 V。

(4)整定值误差:电压误差不大于 ±5% 或 ±0.1 V,电流误差不大于 ±3% 或 $±0.2I_N$。

(5)最大灵敏角:−30° 或 −45°,误差不大于 ±2%。

(6)方向元件的门槛电压:1 V。

(7)方向元件的动作区:170° ±2°。

(8)返回系数:电流、负序电压不小于 0.9,低电压不大于 1.1。

(9)固有延时(1.2 倍整定值):不大于 40 ms。

**7. 零序方向过电流保护**

(1)过流整定范围:$(0.1 ~ 20)I_N$。

(2)整定值误差:误差不大于 ±3% 或 $±0.02I_N$。

(3)零序功率方向元件的门槛电压:1 V。

(4)零序功率方向元件的动作区:160° ±2°。

(5)返回系数:电流不小于 0.9。

(6)固有延时(1.2 倍整定值):不大于 40 ms。

**8. 间隙过电流、过电压保护**

(1)过流整定范围:$(0.1 ~ 20)I_N$。

(2)电压整定范围:100 ~ 150 V(自产)、160 ~ 300 V(开口 3U)。

(3)整定值误差:电压误差不大于 ±5% 或 ±0.1 V,电流误差不大于 ±3% 或 $±0.02I_N$。

(4)返回系数:电流、电压不小于 0.9。

(5)固有延时(1.2 倍整定值):不大于 40 ms。

**9. 过励磁保护**

(1)整定范围:1.0 ~ 1.4。

(2)整定值误差:不大于 ±2.5%。

(3)长延时范围:0~999 s。

(4)返回系数:不小于0.95。

(5)定时限固有延时(1.2倍整定值):不大于40 ms。

(6)反时限延时误差:不大于整定值的±3%或±40 ms。

**10. 非全相保护**

(1)零序电流整定范围:$(0.1 \sim 20)I_N$。

(2)序电流整定范围:$(0.1 \sim 20)I_N$。

(3)整定值误差:不大于±3%或$0.02I_N$。

(4)返回系数:电流不小于0.9。

(5)固有延时(1.2倍整定值):不大于40 ms。

**11. 过负荷、闭锁调压、启动通风**

(1)整定范围:$(0.1 \sim 20)I_N$。

(2)整定值误差:不大于±3%或$0.02I_N$。

(3)返回系数:电流不小于0.9。

(4)固有延时(1.2倍整定值):不大于40 ms。

### (六)CSC-326B型变压器保护装置的插件

CSC-326B型变压器保护装置的插件布置见表4-8。装置可容纳15个插件,内部插件可根据需要进行配置以满足用户需求。交流插件、开出插件、开入插件和电源插件为直通式,即插件连接器直接与机箱端子相连,增加了连线的可靠性。

表4-8　CSC-326B型变压器保护装置的插件布置

| | | | | | | | | | | | | | | |
|---|---|---|---|---|---|---|---|---|---|---|---|---|---|---|
| | CSC-326B型数字式变压器保护装置插件布置图 | | | | | | | | | | | | | |
| | 1<br>交流1 | 2<br>交流2 | 3<br>交流3 | 4<br>CPU1 | 5<br>CPU2 | 6<br>管理 | 7<br>开入1 | 8<br>开入2 | 9<br>开出1 | 10<br>开出2 | 11<br>信号 | | 12<br>电源 | |
| | 6SF.001.041.2 | 6SF.001.041.2 | 6SF.001.041.1 | 6SF.004.071.2 | 6SF.004.071.2 | 6SF.004.087.1-6 | 6SF.004.046.2 | 6SF.004.047.1 | 6SF.004.047.1 | 6SF.004.047.3 | 6SF.004.045 | | 6SF.009.030 | |
| 2TE | 9TE | 9TE | 9TE | 4TE | 4TE | 8TE | 4TE | 4TE | 8TE | 4TE | 4TE | 4TE | 6TE | 2TE |

**1. 交流插件(AC)**

1号、2号、3号为交流插件。

保护相电流变换器:额定输入电流5 A,线性范围400 mA~100 A;额定输入电流 1 A,线性范围 8 mA ~ 20 A。

保护相电压变换器:额定输入电压 57.735 V,线性范围 1 ~ 100 V。

保护零序电压变换器:线性范围 3 ~ 300 V。

**2. 保护 CPU 插件(CPU)**

4 号、5 号为保护 CPU 插件,此插件为装置的核心插件,其硬件完全相同,两个 CPU 插件配合完成所有保护功能、A/D 变换、软硬件自检等。

**3. 通信管理插件(MASTER)**

6 号为通信管理插件,此插件是装置的管理和通信插件,其功能如下:

(1)接收和储存 CPU 板的事故和事件报告,输出、打印并通过 LonWorks 网口的以太网口输送至监控后台和工程师站。

(2)输出报告至液晶显示屏和通过面板键盘操作装置。

面板上的标准 RS232 串口与外接 PC 通信,完成调试软件 CSPC 的功能。

**4. 开入插件(Ⅰ)**

7 号、8 号为开入插件,此插件主要接入针对保护功能的开入量。其最多可以接 52 个外部开入,包括保护功能压板、保护信号开入(如非全相开入)、特殊功能开入(如闭锁远方操作、检修状态)和一些备用开入。

**5. 开出插件(O)**

9 号、10 号为开出插件,此插件为保护跳闸输出触点,每副节点的定义都可以根据工程需要定义。每个开出插件还提供两对保护动作信号开出。

**6. 信号插件(S)**

11 号为信号插件,每路包括中央信号、远动信号和录波信号共三副触点。

**7. 电源插件(POWER)**

12 号为电源插件,此插件输入直流 220 V 或 110 V,输出 ±24 V、±12 V、±5 V。

所有的开入、开出实际上可以灵活、方便地进行配置,其含义可以随工程改变,以适应各种不同的应用场合。

(七)背板端子图

CSC -326B 型变压器保护装置背板端子见表 4 -9。

表 4 – 9　CSC – 326B 型变压器保护装置背板端子

| | X6（开入插件） | | X4（管理插件） | | |
| --- | --- | --- | --- | --- | --- |
| 序号 | c | a | 备用 | 1 | |
| 2 | 开入电源 + | — | 打印发 | 2 | |
| 4 | 高压侧非全相 | 差动保护 | 打印收 | 3 | |
| 6 | 备用 | 备用 | 打印地 | 4 | |
| 8 | 中压充电保护 | 高压复流Ⅰ、Ⅱ段保护 | 485 – 2B | 5 | |
| 10 | 中压充电保护 | 高压复流Ⅲ段保护 | 485 – 2A | 6 | |
| 12 | 备用 | 高压零流Ⅰ、Ⅱ段保护 | 485 – 1B | 7 | |
| 14 | 备用 | 高压零流Ⅲ段保护 | 485 – 1A | 8 | |
| 16 | 备用 | 高压间隙零压保护 | GPS | 9 | 以太网 |
| 18 | 备用 | 高压间隙零流保护 | GPS/GND | 10 | |
| 20 | 备用 | 备用 | LON – 2A | 11 | |
| 22 | 备用 | 闭锁远方操作 | LON – 2B | 12 | |
| 24 | 备用 | 检修状态压板 | GPS/GND | 13 | |
| 26 | 备用 | 信号复归 | LON – 1A | 14 | |
| 28 | 开入电源 | — | LON – 1B | 15 | |
| 30 | 信号（非保持）c○—／—○a | 告警 1 | 备用 | 16 | |
| 32 | 告警 1（保持）c○—／—○a | | | | |

| | X1（交流插件） | | X2（交流插件） | | X3（交流插件） | |
| --- | --- | --- | --- | --- | --- | --- |
| 序号 | b | a | b | a | b | a |
| 1 | IH1A′ | IH1A | IMA′ | IMA | IL1A′ | IL1A |
| 2 | IH1B′ | IH1B | IMB′ | IMB | IL1B′ | IL1B |
| 3 | IH1C′ | IH1C | IMC′ | IMC | IL1C′ | IL1C |
| 4 | IH2A′ | IH2A | IGA′ | IGA（IH0） | — | — |
| 5 | IH2B′ | IH2B | IGB′ | IGB（IHGX） | — | — |
| 6 | IH2C′ | IH2C | IGC′ | IGC（IM0） | — | — |
| 7 | — | — | IG0′ | IG0（IMJX） | — | — |
| 8 | — | — | | | | |

续表 4-9

| | X6（开入插件） | | | | X4（管理插件） | |
|---|---|---|---|---|---|---|
| 9 | UH0′ | UH0 | UM0′ | UM0 | — | — |
| 10 | UHC | UHB | UMC | UMB | UL1C | UL1B |
| 11 | UHN | UHC | UMA | UMC | UL1N | UL1A |
| 12 | — | — | — | — | | |

| 序号 | X7（开入插件） | | X8（开出插件） | | X9（开出插件） | |
|---|---|---|---|---|---|---|
| | c | a | c—/—a | | c—/—a | |
| 2 | R24＋输入 | | 跳闸1 | | 跳闸1 | |
| 4 | 高压 | 中压复流Ⅰ、Ⅱ段保护 | 跳闸2 | | 跳闸2 | 中压开关 |
| 6 | 中压 | 中压复流Ⅲ段保护 | 跳闸3 | 高压开关 | 跳闸3 | |
| 8 | 低压 | 中压零流Ⅰ、Ⅱ段保护 | 跳闸4 | | 跳闸1 | |
| 10 | 备用 | 中压零流Ⅲ段保护 | 跳闸5 | | 跳闸2 | 中压母联 |
| 12 | 备用 | 备用 | 跳闸1 | | 跳闸1 | |
| 14 | 备用 | 中压间隙零压保护 | 跳闸2 | 高压母联 | 跳闸2 | 中压开关 |
| 16 | 备用 | 中压间隙零压保护 | 跳闸1 | | 跳闸1 | |
| 18 | 备用 | 备用 | 跳闸2 | 高压开关 | 跳闸2 | 跳闸备用1 |
| 20 | 备用 | 低压复流保护 | 跳闸1 | | 跳闸1 | |
| 22 | 备用 | 备用 | 跳闸2 | 低压开关 | 跳闸2 | 备用 |
| 24 | 备用 | 备用 | 跳闸1 | | 跳闸1 | |
| 26 | 备用 | 备用 | 跳闸2 | 低压分段 | 跳闸2 | 跳闸备用2 |
| 28 | 备用 | 备用 | 跳闸6 | 备用 | 跳闸6 | 备用 |
| 30 | 备用 | 备用 | 信号（保持） | 差动保护动作 | 信号（保持） | 后备保护动作 |
| 32 | R24－输入 | | 信号（非保持） | | 信号（非保持） | |

| 序号 | X10（开出插件） | | X11（信号插件） | | X12（电源插件） | |
|---|---|---|---|---|---|---|
| | c—/—a | | c | a | c | a |
| 2 | 跳闸1 | 闭锁中压侧备自投 | 中央信号公共端1 | 中央信号公共端2 | R24＋输出 | |
| 4 | 跳闸2 | | 告警1 | TA断线 | | |
| 6 | 跳闸1 | 闭锁低压侧备自投 | 告警2 | TV断线 | R24－输出 | |
| 8 | 跳闸2 | | 差动动作 | 过负荷 | | |

续表 4 – 9

| 序号 | X10(开出插件) c o— —o a | | X11(信号插件) c | a | X12(电源插件) c | a |
|---|---|---|---|---|---|---|
| 10 | 跳闸1 | 复压动作 | 后备动作 | 低零序过电压 | R24 – 输出 | |
| 12 | 跳闸2 | | 远动信号公共端1 | 远动信号公共端2 | | |
| 14 | 跳闸1 | 启动通风1 | 告警1 | TA 断线 | — | |
| 16 | 跳闸2 | | 告警2 | TV 断线 | 直流消失 | |
| 18 | 跳闸1 | 启动通风2 | 差动动作 | 过负荷 | — | |
| 20 | 跳闸2 | | 后备动作 | 低零序过电压 | | |
| 22 | 跳闸1(动合) | 闭锁调压 | 录波信号公共端1 | 录波信号公共端2 | 1 | |
| 24 | 跳闸2(动断) | | 告警1 | TA 断线 | — | |
| 26 | 信号1(保持) | 备用信号1 | 告警2 | TA 断线 | 2 | |
| 28 | 信号1(非保持) | | 差动动作 | 过负荷 | | |
| 30 | 信号2(保持) | 备用信号2 | 后备动作 | 低零序过电压 | — | |
| 32 | 信号2(非保持) | | 备用 | | ⏚ | |

## 二、数字式变压器保护装置的安装与检验调试

### (一)CSC – 326 型微机变压器保护测控装置的安装

保护装置应牢固地固定在保护柜上,装置各连接螺钉应紧固;装置与保护柜用接地线与母排及大地可靠连接;保护柜的接地应符合接线图要求,保护柜内部安装接线由厂家负责,保护柜外部安装接线由施工安装单位完成,按保护柜安装图进行电缆固定、电缆挂牌、端子排接线,认真核对接线是否有误。

### (二)CSC – 326 型微机变压器保护测控装置的检验与调试

此部分只是说明一些试验及其方法,所列试验项目仅供参考,用户应根据部颁有关规定,结合现场实际,确定相应的试验项目。

**1. 通电前的检查**

(1)通电前,进行外观和插件检查(参考最新的有效图纸或随装置的图纸检查本装置)。

①检查装置所有互感器的屏蔽层接地线已可靠接地,外壳已可靠接地。

②检查装置面板型号标示、灯光标示、背板端子贴图、端子号标示、装置铭牌标注。

③将交流插件、保护 CPU 插件、通信管理插件、开入插件、开出插件、信号插件、电源插件依次插入机箱(参考 CSC-326 装置的插件布置图),注意插件顺序不可弄错。各插件应插拔灵活,插件和插座之间应定位良好,插入深度应合适,接触应可靠。大电流端子的短接片在插件插入时应能顶开。

(2)绝缘电阻检查。

进行本项试验前,应先检查保护装置内所有互感器的屏蔽层的接地线是否全部可靠接地。在装置端子处按表 4-10 分组短接。用 500 V 绝缘电阻表依次测量表 4-10 所列 5 组短接端子间及各组对地的绝缘电阻,绝缘电阻应不小于100 MΩ。测绝缘电阻时,施加绝缘电阻表电压时间应不少于 5 s,待读数稳定时读取绝缘电阻值。

表 4-10  绝缘电阻检查分组短接

| 分组 | | 实测绝缘电阻值 |
|---|---|---|
| A 组:交流电压输入回路 | 按端子上标注的所有有效电压输入端子 | |
| B 组:交流电压输入回路 | 按端子上标注的所有有效电流输入端子 | |
| C 组:交流电压输入回路 | 电源插件:a/c20、a/c22、a/c26、a/c28 | |
| D 组:开出触点 | 开出1、开出2、开出3 的所有端子<br>信号插件所有端子<br>开入1:a/c30、a/c32 | |
| E 组:开入触电 | 开入1:除 a/c30、a/c32 的所有端子<br>电源插件:a/c2、a/c4、a/c8、a/c10、a/c12 | |

## 2. 通电检查

(1)逆变电源检查。

仅插入直流电源插件进行以下检验:

①加额定直流电源,失电告警继电器应可靠吸合,用万用表检查其触点,电源插件的 c16 和 a16 应可靠断开。

②检查电源的自启动性能。当外加试验直流电源由零缓慢调至 80% 额定值时,用万用表监视失电告警继电器,触点应为从闭合到断开。然后拉合一次直流电源,万用表应有同样反应。

③检查输出电压值及稳定性。在断电的情况下,转插电源插件,然后在输入

电压为(80%~110%)$U_N$ 时,各级输出电压值应保持稳定。

③快速拉合直流试验。做三次快速拉合直流试验,装置应无任何异常。

(2)装置上电设置。

在断电的情况下,按说明书中的装置插件位置布置图插入全部插件,连接好面板与管理板之间的扁平电缆线。

①合上直流电源,运行灯亮,液晶屏显示应正常。若有定值错告警,应重新固化定值;若有定值区指针错,应切换定值区到 00 区。

②MASTER 板设置。用 CSPC 软件直接将 MASTER 设置装配下载到装置的MASTER 板,装置重新上电后,检查并核对 MASTER 设置(配置 CRC 校验码是否正确)。

③出厂调试菜单的设定。

a. 进入"装置主菜单—修改时钟"菜单,用键盘将装置时钟设定为当前值。回到液晶屏正常显示状态下,观察时钟应运行正常。拉断装置电源 5 min,然后再上电,检查液晶屏显示的时间和日期,在断电时间内装置时钟应保持运行,且走时准确。

b. 压板模式分为硬压板和软硬压板串联,出厂时一般固定为软硬压板串联模式。对于硬压板,将压板对应的端子接入 +24 V 电源。对于软硬压板串联,首先要确保装置后背板的压板开入均已给入,然后进入"装置主菜单—测试操作—投退压板"菜单,根据要求投入相应保护压板。注意,一次只能投退一个压板。

进入"装置主菜单—压板投退—查看压板状态"菜单,查看压板状态,第一列为软压板,第二列为压板总状态。

c. 进入"装置主菜单—测试操作—切换定值区"菜单,切换到一个最常用的定值区(如 00 区)。

d. 进入"装置主菜单—定值设置—保护定值"菜单,固化保护定值,默认固化到 00 区。用以太网线接入 CSPC,检查是否可以修改和固化保护的定值。用串口线接 CSPC,检查是否可以修改和固化保护的定值。

e. 进入"装置主菜单—装置设定—通信地址"菜单。设置 LonWorks 网络及RS485 串口地址,范围是 10H~ABH(地址不能重复);查看"以太 1 网地址"和"以太 2 网地址",应不为 0。

f. 进入"装置主菜单—装置设定—间隔名称"菜单,通过面板下方的内码输入线路实际名称和编号(或由 CSPC 软件直接输入)。

g. 进入"装置主菜单—装置设定—对时方式"菜单,选择一种对时方式。若选择分脉冲或秒脉冲对时方式,GPS 对时成功后,在液晶屏幕右上角显示"＊"符号。

h. 进入"装置主菜单—装置设定—打印设置—录波打印量设置"菜单(出厂时已设置好,只需查看确认即可),按 SET 键显示图 4 - 3 所示页面。

按 SET 键显示图 4－4 所示页面。

图 4－3　打印确认

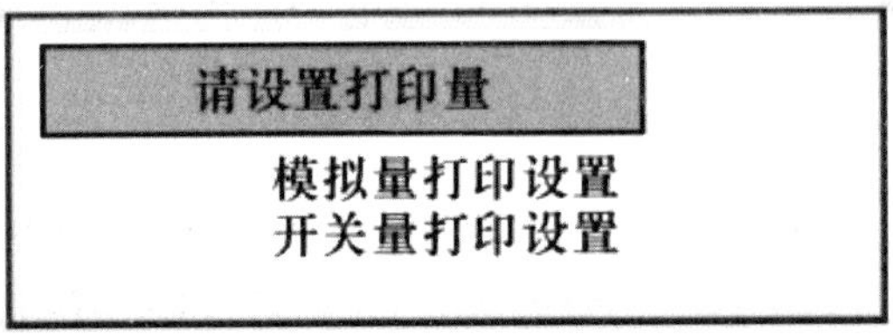

图 4－4　打印设置

不同装置的模入量和开关量不同,可参阅装置出厂调试记录。

进入"装置主菜单—装置设定—打印设置—打印方式设置"菜单,如图 4－5
所示。

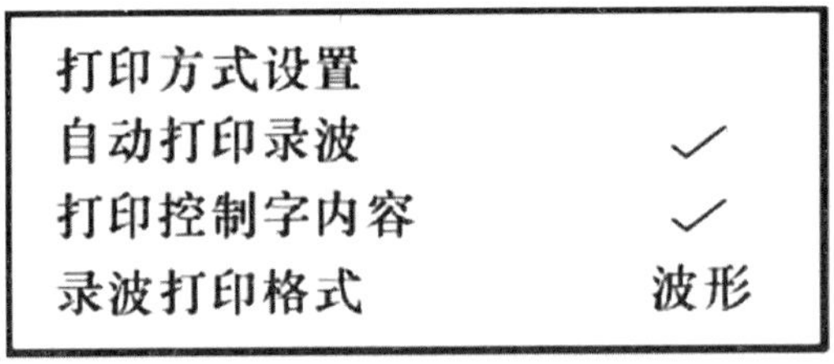

图 4－5　打印方式设置

自动打印录波设为"√"指的是故障后打印录波,设为"×"指的是故障后只打
印保护报告不打印录波,录波报告需调取。打印控制字内容设为"√"即能打印控
制字内容,设为"×"即不能打印控制字内容。用上/下键可将录波打印格式设为
波形格式或数据格式。推荐设置为自动打印录波、打印控制字内容、录波打印格
式为波形格式。当对保护动作行为有疑问时,建议先将"录波打印格式"设置为数
据格式,随即再打印一份录波图(或用 F1 快捷键直接打印最近一次故障的数据格
式录波图),然后才可以对装置进行试验,以免数据丢失,不利于进一步的分析。

(3)软件版本检查。

进入"装置主菜单—运行工况—装置编码"菜单,记录装置类型、软件版本号和 CRC 校验码,并检查其与有效版本是否一致。

(4)打印功能检查。

①进入"装置主菜单—打印—定值"菜单,选择定值区打印定值,打印机应正确打印。

②进入"装置主菜单—打印—报告"菜单,选择报告和操作记录应正确打印。

③分别进入"装置主菜单—打印—装置设定(工况、装置参数、打印采样值)"菜单,选定后即可打印。

④快捷键试验及打印功能,操作面板上的快捷键应打印正常。操作装置 MMI 液晶屏下方的快捷键,应正常反应。

F1 键:打印最近一次动作报告,在"定值菜单"中为向下翻页功能。

F2 键:打印当前定值区的定值,在"定值菜单"中为向上翻页功能。

F3 键:打印采样值。

F4 键:打印装置信息和运行工况。

⑤功能键试验。"＋"键:定值区号加 1。"－"键:定值区号减 1。

操作"＋"键和"－"键,根据提示,进行定值区号加 1、减 1 操作,应正确反应。

⑥按复归按钮,此时应无任何告警,然后进行版本号记录。

⑦进入"装置主菜单—运行工况—装置编码"菜单,记录装置类型、各软件的版本号和 CRC 校验码,并检查其与有效版本是否一致。

(5)开入量检查。

①开入自动检测。进入"装置主菜单—修改时钟"菜单,整定时间为"0:59:50",等待约 1 min 后,装置应正常,没有开入错的告警。

②开入检查。选择菜单"装置主菜单—运行工况—开入"菜单,不同装置型号需要检验的开入不一样,见表 4-11。按背板图将 +24 V 电源与开入短接,查看各开入状态是否正确;如某一路不正确,应检查与之对应的光隔、电阻等元件有无虚焊、焊反或损坏。

表 4-11　不同装置型号需要检验的开入

| 开关量 | 型号 | | | | | | | | | |
|---|---|---|---|---|---|---|---|---|---|---|
| | CSC-326A | CSC-326B | CSC-326C | CSC-326D | CSC-326EA | CSC-326EB | CSC-326FA | CSC-326FB | CSC-326FC | CSC-326FD |
| 高压侧非全相 | √ | √ | √ | √ | √ | | | | | |
| 中压非全相 | | | √ | | | | | | | |

续表 4 – 11

| 开关量 | 型号 | | | | | | | | | |
|---|---|---|---|---|---|---|---|---|---|---|
| | CSC – 326A | CSC – 326B | CSC – 326C | CSC – 326D | CSC – 326EA | CSC – 326EB | CSC – 326FA | CSC – 326FB | CSC – 326FC | CSC – 326FD |
| 中压充电保护 | | √ | | √ | √ | | √ | | | √ |
| 低压充电保护 | √ | √ | √ | √ | √ | √ | √ | | | √ |
| 高压电压 | √ | √ | √ | √ | √ | √ | √ | | | √ |
| 中压电压 | | √ | √ | √ | √ | √ | √ | | | √ |
| 低压电压 | √ | √ | √ | √ | √ | √ | √ | | | √ |
| 低压Ⅱ电压 | | | √ | √ | √ | | √ | | | √ |
| 失灵开入1 | | √ | | | | √ | | | | |
| 失灵开入2 | | √ | | | | √ | | | | |
| 高压侧选跳开入 | | | | | | | √ | | | √ |
| 中压侧选跳开入 | | | | | | | √ | | | √ |
| 通信1~18 | | | | | | | | √ | √ | |

（6）开出量检查。

①开出自动检测。进入"装置主菜单—修改时钟"菜单，整定时间为"1:59: 50"，等待约 1 min 后，装置应正常，没有开出错的告警，完成后恢复时钟为实际时间。

②开出传动。选择"装置主菜单—开出传动"菜单，装置型号不同，需要检验的开出也不同，220 kV 及以上的装置开出传动见表 4 – 12（表中，"备投"意为"备用电源自动投入装置"），110 kV 及以下的装置开出传动见表 4 – 13，信号回路开出传动见表 4 – 14。按背板图依次进行开出传动，开出时运行灯闪烁，开出信号保持直到按复归按钮或接收到远方复归命令。如果该通道正常，则可以听到继电器动作声音，MMI 相应的灯应点亮，同时液晶屏显示"开出传动成功"，此时万用表应当可以测到相应开出触点为导通状态，否则应检查该通道的继电器引脚有无漏

焊、虚焊,光隔有无虚焊、焊错。

表 4 - 12　220 kV 及以上的装置开出传动

| 开关量 | 型号 | | | | |
|---|---|---|---|---|---|
| | CSC - 326A | CSC - 326B | CSC - 326C | CSC - 326EA | CSC - 326EB |
| 高压开关跳闸 1 ~ 5 | √ | √ | √ | √ | √ |
| 高压母联跳闸 1 ~ 2 | √ | √ | √ | √ | √ |
| 高压开关跳闸 1 ~ 2 | √ | √ | √ | √ | √ |
| 低压开关跳闸 1 ~ 2 | √ | √ | √ | √ | √ |
| 低压分段跳闸 1 ~ 2 | | √ | √ | √ | √ |
| 中压开关跳闸 1 ~ 3 | | √ | √ | √ | √ |
| 中压母联跳闸 1 ~ 2 | | √ | √ | √ | √ |
| 中压开关跳闸 1 ~ 2 | | √ | | | |
| 闭锁低压侧备投 1 ~ 2 | √ | √ | √ | √ | √ |
| 复压动作 1 ~ 2 | √ | √ | √ | √ | √ |
| 启动通风 1 跳闸 1 ~ 2 | √ | √ | √ | √ | √ |
| 启动通风 2 跳闸 1 ~ 2 | √ | √ | √ | √ | √ |
| 闭锁调压跳闸 1 ~ 2 | √ | √ | √ | √ | √ |
| 闭锁中压侧备投 1 ~ 2 | | √ | √ | √ | |
| 低压 II 开关跳闸 1 ~ 2 | | | √ | √ | √ |

注:①闭锁调压开出量中跳闸 1 为动合触点,跳闸 2 为动断触点。
②各项开出传动、按复归按钮后,相应的灯熄灭,相应的动合触点断开、动断触点闭合。
③中央信号是保持触点,远动及录波信号是瞬动触点。

表 4 - 13　110 kV 以下的装置开出传动

| 开关量 | 型号 | | | |
|---|---|---|---|---|
| | CSC - 326FA | CSC - 326FB | CSC - 326FC | CSC - 326FD |
| 高压开关 1 | √ | | | √ |
| 高压开关 2 | √ | | | √ |
| 高压母联 1 | √ | | | √ |
| 高压母联 2 | √ | | | √ |
| 中压开关 | √ | | | √ |

续表 4 – 13

| 开关量 | 型号 | | | |
|---|---|---|---|---|
| | CSC – 326FA | CSC – 326FB | CSC – 326FC | CSC – 326FD |
| 中压母联 | √ | | | √ |
| 低压开关 | √ | | | √ |
| 低压 Ⅱ 开关 | √ | | | √ |
| 低压分段 | √ | | | √ |
| 差动动作 | √ | | | |
| 高选跳开出 | √ | | | √ |
| 中选跳开出 | √ | | | √ |
| 闭锁高压侧备投 | √ | | | √ |
| 闭锁中压侧备投 | √ | | | √ |
| 闭锁低压侧备投 | √ | | | √ |
| 闭锁低压侧 2 备投 | √ | | | √ |
| 启动通风跳闸 1～2 | √ | | | √ |
| 启动调压跳闸 1～2 | √ | | | √ |
| 差动保护跳闸 1～6 | | √ | √ | |
| TA 断线跳闸 1～2 | | √ | √ | |

注:①闭锁调压开出量中跳闸 1 为动合触点,跳闸 2 为动断触点。

②各项开出传动、按复归按钮后,相应的灯熄灭,相应的动合触点断开、动断触点闭合。

③中央信号是保持触点,远动及录波信号是瞬动触点。

表 4 – 14　信号回路开出传动

| 开关量 | 型号 | | | | | | | | | |
|---|---|---|---|---|---|---|---|---|---|---|
| | CSC – 326A | CSC – 326B | CSC – 326C | CSC – 326D | CSC – 326EA | CSC – 326EB | CSC – 326FA | CSC – 326FB | CSC – 326FC | CSC – 326FD |
| 告警 1 | √ | √ | √ | √ | √ | √ | √ | √ | √ | √ |
| 告警 2 | √ | √ | √ | √ | √ | √ | √ | √ | √ | √ |
| 差动保护动作 | √ | √ | √ | √ | √ | √ | | | | |
| 后备保护动作 | √ | √ | √ | √ | √ | √ | | | | |
| TA 断线 | √ | √ | √ | √ | √ | √ | | | | |
| TV 断线 | √ | √ | √ | √ | √ | √ | | | | |

续表 4 – 14

| 开关量 | 型号 | | | | | | | | | |
|---|---|---|---|---|---|---|---|---|---|---|
| | CSC – 326A | CSC – 326B | CSC – 326C | CSC – 326D | CSC – 326EA | CSC – 326EB | CSC – 326FA | CSC – 326FB | CSC – 326FC | CSC – 326FD |
| 过负荷 | √ | √ | √ | √ | √ | √ | | | | |
| 低零序过电压 | √ | √ | √ | √ | √ | √ | | | | |
| 低压分段 | √ | √ | √ | √ | √ | √ | | | | |
| 保护动作 | | | | | | | √ | √ | √ | √ |

注:①闭锁调压开出量中跳闸 1 为动合触点,跳闸 2 为动断触点。

②各项开出传动、按复归按钮后,相应的灯熄灭,相应的动合触点断开、动断触点闭合。

③中央信号是保持触点,远动及录波信号是瞬动触点。

(7)模拟量通道检查。

①通道说明。交流通道与显示名称对照见表 4 – 15。

### 表 4 – 15　交流通道与显示名称对照

| 装置液晶显示 | 含义 | 装置端子名称 |
|---|---|---|
| I1A | 高压 1 侧 A 相电流 | IH1A,IH1A′ |
| I1B | 高压 1 侧 B 相电流 | IH1B,IH1B′ |
| I1C | 高压 1 侧 C 相电流 | IH1C,IH1C′ |
| I2A | 高压 2 侧 A 相电流 | IH2A,IH2A′ |
| I2B | 高压 2 侧 B 相电流 | IH2B,IH2B′ |
| I2C | 高压 2 侧 C 相电流 | IH2C,IH2C′ |
| UHA | 高压侧 A 相电压 | UHA,UHA′ |
| UHB | 高压侧 B 相电压 | UHB,UHB′ |
| UHC | 高压侧 C 相电压 | UHC,UHC′ |
| UH0 | 高压侧零序电压 | UH0,UH0′ |
| I3A | 中压侧 A 相电流 | IMA,IMA′ |
| I3B | 中压侧 B 相电流 | IMB,IMB′ |
| I3C | 中压侧 C 相电流 | IMC,IMC′ |
| UMA | 中压侧 A 相电压 | UMA,UMA′ |

续表 4 – 15

| 装置液晶显示 | 含义 | 装置端子名称 |
|---|---|---|
| UMB | 中压侧 B 相电压 | UMB, UMB′ |
| UMC | 中压侧 C 相电压 | UMC, UMC′ |
| UM0 | 中压侧零序电压 | UM0, UM0′ |
| I4A | 低压侧 A 相电流 | IL1A, IL1A′ |
| I4B | 低压侧 B 相电流 | IL1B, IH1B′ |
| I4C | 低压侧 C 相电流 | IL1C, IL1C′ |
| ULA | 低压侧 A 相电压 | UL1A, UL1A′ |
| ULB | 低压侧 B 相电压 | UL1B, UH1B′ |
| ULC | 低压侧 C 相电压 | UL1C, UL1C′ |
| I5A | 低压 2 侧 A 相电流 | IL2A, IL2A′ |
| I5B | 低压 2 侧 B 相电流 | IL2B, IH2B′ |
| I5C | 低压 2 侧 C 相电流 | IL2C, IL2C′ |
| UL2A | 低压 2 侧 A 相电压 | UL2A, UL2A′ |
| UL2B | 低压 2 侧 B 相电压 | UL2B, UH2B′ |
| UL2C | 低压 2 侧 C 相电压 | UL2C, UL2C′ |
| IH0/IGA | 公共绕组 A 相电流或高压侧中性点电流 | IGA(IH0), IGA′ |
| IHJ/IGB | 公共绕组 B 相电流或高压侧间隙电流 | IGB(IHX), IGB′ |
| IM0/IGC | 公共绕组 C 相电流或中压侧中性点电流 | IGC(IM0), IGC′ |
| IMJ/IG0 | 公共绕组零序电流或中压侧间隙电流 | IG0(IMJX), IG0′ |
| IRA | 低压绕组 A 相电流 | IRA, IRA′ |
| IRB | 低压绕组 B 相电流 | IRB, IRB′ |
| IRC | 低压绕组 C 相电流 | IRC, IRC′ |
| IHBHA | 高压侧后备保护 A 相电流 | IHAHB, IHAHB′ |
| IHBHB | 高压侧后备保护 B 相电流 | IHBHB, IHBHB′ |
| IHBHC | 高压侧后备保护 C 相电流 | IHCHB, IHCHB′ |
| IHBMA | 中压侧后备保护 A 相电流 | IMAHB, IMAHB′ |
| IHBMB | 中压侧后备保护 B 相电流 | IMBHB, IMBHB′ |
| IHBMC | 中压侧后备保护 C 相电流 | IMCHB, IMCHB′ |
| IBL1A | 低压侧后备保护 A 相电流 | IL1AHB, IL1AHB′ |

续表 4-15

| 装置液晶显示 | 含义 | 装置端子名称 |
|---|---|---|
| IBL1B | 低压侧后备保护 B 相电流 | IL1BHB,IL1BHB′ |
| IBL1C | 低压侧后备保护 C 相电流 | IL1CHB,IL1CHB′ |
| IBL2A | 低压 2 侧后备保护 A 相电流 | IL2AHB,IL2AHB′ |
| IBL2B | 低压 2 侧后备保护 B 相电流 | IL2BHB,IL2BHB′ |
| IBL2C | 低压 2 侧后备保护 C 相电流 | IL2CHB,IL2CHB′ |
| IN1 | 消弧线圈零序电流 1 | IN1,IN1′ |
| IN2 | 消弧线圈零序电流 2 | IN2,IN2′ |
| I11A | 高压 I 侧 A 相启动电流 | IH1A,IH1A′ |
| I11B | 高压 I 侧 B 相启动电流 | IH1B,IH1B′ |
| I11C | 高压 I 侧 C 相启动电流 | IH1C,IH1C′ |
| I12A | 中压侧 A 相启动电流 | IMA,IMA′ |
| I12B | 中压侧 B 相启动电流 | IMB,IMB′ |
| I12C | 中压侧 C 相启动电流 | IMC,IMC′ |
| I13A | 低压侧 A 相启动电流 | IL1A,IL1A′ |
| I13B | 低压侧 B 相启动电流 | IL1B,IL1B′ |
| I13C | 低压侧 C 相启动电流 | IL1C,IL1C′ |
| I14A | 低压 2 侧或高压 2 侧 A 相启动电流 | IL2A,IL2A′或 IH2A,IH2A′ |
| I14B | 低压 2 侧或高压 2 侧 B 相启动电流 | IL2B,IL2B′或 IH2B,IH2B′ |
| I14C | 低压 2 侧或高压 2 侧 C 相启动电流 | IL2C,IL2C′或 IH2C,IH2C′ |

②零漂调整。调整零漂时,应断开装置与测试仪或标准源的电气连接,确保装置交流端子上无任何输出,选择"装置主菜单—测试操作—调整零漂"菜单,选择所有通道,进行零漂调整,调整成功后会显示"零漂调整成功",之后选择"装置主菜单—测试操作—查看零漂",电流通道应小于 0.5(TA 额定值 5 A)或小于 0.1(TA 额定值 1 A),电压通道应小于 0.5。对 A、B、C、D、E 型装置,这项操作要对 CPU1 和 CPU2 分别进行;对 CSC - 326FA/FB/FC/FD 型装置,这项操作只需对 CPU1 进行。

③刻度调整。试验前应将所有保护压板退出以防止装置频繁启动。变压器保护采用按侧调整,将调整侧所有有效电流回路串接,所有有效电压回路并接。用 0.5 级以上的测试仪,输出标准电压 50 V,电流为 $I_N$(1 A 或 5 A)。从测试仪输出交流量到装置,然后确认执行。若操作失败,装置将显示采样出错及出错通道

号,应检查接线、标准值、版本号是否正确。对 A、B、C、D、E 型装置,这项操作要对 CPU1 和 CPU2 分别进行;对 CSC – 326FA/FB/FC/FD 型装置,这项操作只需对 CPU1 进行。

④模拟量精度及线性度检查测试。刻度和零漂调整好以后,用 0.5 级或以上测试仪检测装置测量线性误差,并记录检测结果。要求:通入电流分别为 $5I_N$(时间不许超过 10 s,如果测试仪不能加 5,则加 $2I_N$)、$I_N$、$0.08I_N$($I_N$ 分别为 1 A 或 5 A);通入相电压分别为 80 V、60 V、1 V;通入 $3U_0$ 分别为 200 V、100 V、3 V。

观察面板显示或选择"装置主菜单—测试操作—查看刻度",要求相电压通道在 1 V 时液晶显示值与外部表计值误差小于 0.2 V,其余小于 2.5%;要求 $3U_0$ 电压通道在 3 V 时误差小于 0.2 V,其余小于 2.5%;电流通道在 $0.08I_N$ 时误差小于 $0.02I_N$,其余小于 2.5%。除 CSC – 326FA/FB/FC/FD 型装置以外,其他型号的装置需要观察两个 CPU 的显示结果。

⑤模拟量极性检查。先将所有电流回路串接,电压回路并接。加标准电压和电流,角度分别为 0° 和 90°,角度误差应不大于 2°,否则应检查装置或交流插件接线是否正确。除 CSC – 326FA/FB/FC/FD 型装置以外,其他型号的装置需要观察两个 CPU 的显示结果。

**3. 模拟短路故障试验**

以 CSC – 326B/C/D 型装置为例,说明其使用方法。首先按表 4 – 16 输入系统参数,连接好打印机,每次保护试验时检查打印功能是否正常。

表 4 – 16　系统参数

| 代码 | 定值名称 | TA 额定值为 5 A 时 | TA 额定值为 1 A 时 | 高压侧 TA 额定值为 1 A,低压侧 TA 额定值为 5 A 时 | 备注 |
|---|---|---|---|---|---|
| KGXT | 系统参数控制字 | 0 006 | 0 006 | 0 006 | 自耦 $T$ 为 0 007 |
| KND | 变压器接线形式 | 0 003 | 0 003 | 0 003 | —— |
| CLK | 接线方式钟点数 | 11 | 11 | 11 | —— |
| Se | 变压器额定容量 | 68.5 | 68.5 | 13.7 | —— |
| UHe | 高压侧额定电压 | 220 | 220 | 220 | —— |
| HTVN | 高压侧 TV 变比 | 2 200 | 2 200 | 2 200 | —— |
| HTA1 | 高压侧 TA 一次值 | 300 | 300 | 60 | —— |
| HTA2 | 高压侧 TA 二次值 | 5 | 1 | 1 | —— |

续表 4 – 16

| 代码 | 定值名称 | TA 额定值为 5 A 时 | TA 额定值为 1 A 时 | 高压侧 TA 额定值为 1 A,低压侧 TA 额定值为 5 A 时 | 备注 |
|------|---------|:---:|:---:|:---:|:---:|
| H02 | 高压零序 TA 二次值 | 5 | 1 | 1 | — |
| HJ2 | 高压间隙 TA 二次值 | 5 | 1 | 1 | — |
| ULe | 低压侧额定电压 | 11 | 11 | 11 | — |
| LTVN | 低压侧 TV 变比 | 110 | 110 | 110 | — |
| LTA1 | 低压侧 TA 一次额定值 | 6 000 | 6 000 | 6 000 | — |
| LTA2 | 低压侧 TA 二次额定值 | 5 | 1 | 5 | — |

（1）差动速断保护。

按表 4 – 17 输入差动保护的定值,投入差动保护压板,在变压器各侧加故障量,保护动作结果见表 4 – 18。

表 4 – 17　差动保护的定值

| 代码 | 定值名称 | TA 额定值为 5 A 时 | TA 额定值为 1 A 时 | 高压侧 TA 额定值为 1 A,低压侧 TA 额定值为 5 A 时 |
|------|---------|:---:|:---:|:---:|
| KGCD | 差动保护控制字 | 0 001 | 0 001 | 0 001 |
| ISD | 差动速断电流定值 | 5 | 3 | 3 |
| ICD | 差动保护电流定值 | 1.0 | 0.2 | 0.2 |
| KID | 比率制动系数 | 0.5 | 0.5 | 0.5 |
| ICT | TA 断线开放差动定值 | 5 | 1 | 1 |
| KXB | 二次谐波制动系数 | 0.15 | 0.15 | 0.15 |

表 4 – 18　保护动作结果

| 相别 | 加入故障量 | 面板正确报文 | 信号灯 |
|------|-----------|------------|--------|
| IHIA | $0.8I_{SD}$　不动作 | 保护启动 | — |
| | $1.2I_{SD}$　可靠动作（$t_{dz} \leq 20$ ms） | 保护启动<br>差动速断保护出口 | 差动动作灯亮 |

续表 4-18

| 相别 | 加入故障量 | 面板正确报文 | 信号灯 |
|---|---|---|---|
| IH2B | $0.8I_{SD}$ 不动作 | 保护启动 | — |
| | $1.2I_{SD}$ 可靠动作($t_{dz}\leqslant20$ ms) | 保护启动<br>差动速断保护出口 | — |
| INC<br>(A 型<br>不做) | $0.8I_{SD}$ 不动作 | 保护启动 | — |
| | $1.2I_{SD}$ 可靠动作($t_{dz}\leqslant20$ ms) | 保护启动<br>差动速断保护出口 | 差动动作灯亮 |
| IL1A | $0.8I_{SD}$ 不动作 | 保护启动 | — |
| | $1.2I_{SD}$ 可靠动作($t_{dz}\leqslant20$ ms) | 保护启动<br>差动速断保护出口 | 差动动作灯亮 |
| IL2C<br>(B 型<br>不做) | $0.8I_{SD}$ 不动作 | 保护启动 | — |
| | $1.2I_{SD}$ 可靠动作($t_{dz}\leqslant20$ ms) | 保护启动<br>差动速断保护出口 | 差动动作灯亮 |

（2）比率差动保护。

将 LTA1 一次额定值改为 3 464,在 TA 二次额定电流为 5 A 的情况下进行以下试验：

①试验 1。以 A 相为动作相为例,在高压侧 A 相通入电流 $I_H$ = 6 A < $0°$A($1.35$ A < $0°$A),在低压侧 A 相通入电流 $I_L$ = 3.03 A < $180°$A($0.9$ A < $180°$A),在低压侧 C 相通入 6 A < 0 < $0°$A($1.35$ A < $0°$A)。高压侧 A 相电流、低压侧 A 相电流、低压侧 C 相电流以 0.05 的步长同时变化,直到保护动作。可以用同样的方法对 B、C 相进行试验。

②试验 2。以 C 相为动作相为例,在高压侧 C 相通入电流 $I_N$ = 7.1 A < $0°$A($1.58$ A < $0°$A),在低压侧 C 相通入电流 $I_L$ = 3.7 A < $180°$A($0.9$ A < $180°$A),在低压侧 B 相通入 7.1 A < $0°$A ($1.58$ A < $0°$A)。高压侧 C 相电流、低压侧 C 相电流、低压侧 B 相电流以 0.05 的步长同时变化,直到保护动作,将结果记录到表 4-19 中。可以用同样的方法对 A、B 相进行试验。

表 4 – 19　试验结果记录表

| 电流值/A | | 实测值/A | | | | | | 面板正确报文 | 信号灯 |
|---|---|---|---|---|---|---|---|---|---|
| | | A | | B | | C | | | |
| $I_L$（理论值） | $I_H$（理论值） | $I_H$ | $I_L$ | $I_H$ | $I_L$ | $I_H$ | $I_L$ | | |
| 2.83(0.56) | 5.8(1.15) | | | | | | | 保护启动<br>差动保护出口 | 差动动作灯亮 |
| 3.5(0.7) | 6.9(1.38) | | | | | | | 保护启动<br>差动保护出口 | 差动动作灯亮 |

注：表中，括号中的数据对应额定电流 1 A 装置或高压侧额定电流 1 A 并且低压侧额定电流 5 A 的装置。

（3）后备保护。首先将定值表按定值通知单或典型定值输入并固化某一区，做复流保护和间隙保护各项试验，见表 4 – 20。

表 4 – 20　后备保护试验

| 保护 | 模拟故障类型 | $m$ 值 | 动作行为 | 面板上报文,应亮灯 |
|---|---|---|---|---|
| 间隙保护 | 通入 $U = mU_{J0}$ | 0.95<br>1.05 | 可靠不动<br>可靠动作 | 保护启动<br>高零序过电压 T1 出口<br>后备动作灯亮 |
| | 通入 $I = mI_{J0}$ | 0.95<br>1.05 | 可靠不动<br>可靠动作 | 保护启动<br>高间隙零序过电流 T1 出口<br>后备动作灯亮 |
| 复压过流保护 | $I = mI_{LN}$, 正方向<br>（$n = 1,2,3$） | 0.95<br>1.05<br>1.2 | 可靠不动<br>可靠动作<br>$t_{dz}$ 与 $I_{LN}$ 误差小于 20 ms | 保护启动<br>低复流 1 段 T1 出口<br>后备动作灯亮 |
| | $I = mI_{LN}$, 反方向<br>（$n = 1,2,3$） | 0.95<br>1.05<br>1.2 | 可靠不动<br>可靠不动<br>可靠不动 | 保护启动 |

注：$m$—动作值倍数；$U_{J0}$—间隙保护动作电压；$I_{J0}$——间隙保护动作电流；$I_{LN}$——动作电流（1 为高压测，2 为中压侧，3 为低压侧）。

如中压侧、低压侧都有，则要分别做后备保护；零序电流保护参考复合过电流保护（正、反方向下）。试验中，应注意面板指示灯及报文是否正确。

# 第五章　变电所综合自动化系统维护处理

在变电所监控室内对实现馈线、变压器与电容器等屏柜进行巡视检查与日常维护工作,要求严格按照屏柜的维护要领、运行规定、巡视检查项目与技术管理内容要求进行。

## 第一节　变电所综合自动化系统维护

### 一、变电所综合自动化系统运行管理

（一）维护要领

#### 1. 加强统一维护的技术管理

(1)完善技术规范书,统一制订检验规程和验收大纲。

应制订综合自动化系统的检验规程和验收大纲,对间隔层设备、通信层设备、间隔层网络与变电所层网络设备及二次贿赂等的现场检验和验收等规定详细的检验项目、方法和具体指标,规范产品的检验和验收工作,确保投入运行的设备质量可靠、通信规约兼容、设备开放互联及后台监控稳定。

(2)建立和完善统一的综自设备档案管理系统。

建立综合自动化系统维护档案管理系统,实现对变电所竣工投产、产品厂家的规约、出现的问题等的统计、查询,为及时处理问题提供信息。建立综合自动化维护专家系统和维修网络软件信息平台,介绍和报道综合自动化系统的维护经验、案例分析、发展动向、工作进展、评比检查、技术分析、现有备品备件、厂家介绍等栏目。另外,还可直接用于设备档案的管理以及故障维护记录情况的上报,构建一个有序、高效的综合自动化系统维护环境,为维护人员提供实时、在线的技术支持,提高故障的处理效率。根据调研结果和运行中反映出的各类故障,设置专人负责收集和整理,结合具体实例编制综合自动化设备维护技术指南。

#### 2. 做好运行维护基础工作

基础工作是做好维护和检修的前提性工作,主要内容包括规章制度、信息管理、标准化、定额计量与统计工作等。

结合实际情况,按部颁《电力工业技术管理法规》要求,严格执行三项规程:

《安全工作规程》《运行管理规程》与《检修规程》。同时,还要建立健全与设备维护检修有关的制度:检修管理制度(设备责任制、设备定期试验维护制与质量负责制);备品备件管理制度;技术档案与技术资料管理制度;安全管理制度;事故分析、缺陷处理制度;技术培训制度;合理化建议与技术革新管理制度等。

设备台账、缺陷及检修记录等应准确、详细并保存齐全,对于正确分析事故原因、迅速排除故障与制订检修计划等会起到作用。

**3. 做好技术培训工作**

要求维护检修人员应具备"三熟"与"三能"。"三熟"指熟悉设备的系统与基本原理,熟悉检修工艺、质量与运行常识,熟悉本岗位的规章制度;"三能"指能熟练进行本工作的修理工作和排除故障,能熟练运用接线图和绘制简单加工图,能熟练掌握一般维修工艺和材料性能。

针对检修人员,根据变电所情况应连续进行知识更新和培训教育。应遵循"结合实际、突出重点、灵活多样、讲求实效、全面安排与循序渐进"的原则。

**4. 正确分析判断异常问题**

当综合自动化系统出现问题时应能及时迅速排除,使之尽快恢复正常运行。处理异常问题时应做到:思路清晰,根据反映信息查找问题,并能清楚地按常规方法进行检查,找到关键点,缩小故障范围,针对故障范围进一步查找故障点。

## (二)运行规定

①应定期核对遥测、遥信、遥控、遥调的正确性,进行主、备用通道切换和通信网络的测试、标准时钟的校对、UPS 蓄电池的充放电等维护,发现问题及时处理并做好记录。进行变电所例行遥信传动试验和对上级调度自动化系统信息及功能有影响的工作前,应及时通知有关的调度自动化值班人员,并获得许可。

②变电所监控系统设备运行和维护的责任单位和人员应保证设备的正常运行及信息的完整性和正确性,发现故障或接到设备故障通知后,应立即进行处理,必要时应派人到现场处理,且将故障处理情况及时汇报给上级,并调度相关的自动化值班人员。事后应详细记录故障现象、原因及处理过程,写出分析报告并上报上级调度管理部门备案;由于变电站一次设备变更(如设备的增减、主接线变更、互感器变比改变等),需修改相应的画面和数据库等内容时,应以经过批准的书面通知为准。

③未经上级调度自动化运行管理部门的同意,不得在监控系统设备及二次回路上工作和操作,但按规定由运行人员操作的小开关、按钮和保险器等不受此限制。

④各类电工测量变送器和仪表、交流采样测控装置、电能计量装置是保证监控系统遥测精度和电能量结算正确性的重要设备,必须严格执行《电工测量变送

器运行管理规程》(DL/T 410—1991)和《电能计量装置技术管理规程》(DL/T 448—2016),并按有关的校验规定进行检定。

⑤对运行中的系统设备、数据网络配置、软件或数据库等做重大修改时,应经过技术论证,提出书面改进方案,经主管领导批准并上报与之相关的调度自动化运行管理部门确认后方可实施。技术改进后的设备和软件应经过 3~6 个月的试运行,验收合格后方可正式投入运行,同时提交技术报告(包括技术改进方案、细框图、程序文本、使用和操作说明)。

⑥某些与一次设备相关的自动化设备(如变送器、远动装置、测控单元、防误操作逻辑闭锁及合闸同期检测、UPS 电源、电气遥控和 AGC 遥调回路、功角/相量测量装置、关口电能表和电能量计费装置等)的校验,应尽可能结合一次设备的检修进行,并配合发电机组、变压器、输电线路、断路器、隔离开关的检修,检查相应的测量回路和测量准确度、信号电缆及接线端子,并做遥信和遥控的联动试验。用于控制、考核、结算的频率、电压、功率等测量设备及电能量计费装置、计量回路应由指定计量监督部门进行规定周期的现场合格校验。

⑦一次设备检修时,应将相应的遥信信号退出运行,但不得随意将相应的变送器退出运行。运行维护单位应把检查相应的自动化输入输出回路的正确性及校验相关的测量装置和回路的正确性列入检修工作任务。一次设备检修完成后,应将相应的遥信信号投入运行,与调度自动化设备相关的二次回路接线恢复正常,同时应通知相关调度自动化设备管理部门。

⑧交接班时应对监控系统进行全面检查,特别是检查各保护小室与监控系统的网络通信情况。

⑨在日常巡视时,应仔细对监控系统进行巡视,随时掌握设备状态、负荷的情况;监控系统发出异常报警时,值班人员应及时检查,并按现场规程的规定对事故及异常情况进行监控;监控系统主机故障时,从机应自动切换为主机,若不能切换,应立即向网、省调当值调度员汇报,并通知维护人员进行处理。在监控系统退出时,应加强对一、二次设备的巡视,及时发现问题。

⑩运行时严禁关闭监控系统报警音箱,并应将音箱音量调至适合大小;未经调度或上级许可,值班人员不得擅自将监控系统退出(故障除外);如有设备故障退出,必须及时向网、中调当值调度员汇报。

⑪"五防"解锁钥匙应统一管理,并由站长授权使用。应保护自动化设备机房和周围环境的整洁。

## 二、变电所综合自动化系统的运行监视内容

### (一)日常监控

微机监控系统的日常监控,是指以微机监控系统为主、人工监控为辅的方式,

对变电站内的日常信息进行监视、控制,以掌握本变电站一次主设备、站用电及直流系统、二次继电保护和自动装置等的运行状态,保证变电站正常运行。日常监控是变电站最基本的工作之一,每位运行人员都应了解微机监控系统日常监控的内容,并掌握本监控系统的使用方法。

监控系统日常监控的内容有:

①监控变电站一次主接线及一次设备的运行状况。

②监控变电站继电保护及自动装置的投入情况。

③监控设备的电气运行参数(如有功功率、无功功率、电流、电压和功率等)。

④监控本站的潮流流向,监控变压器分接开关运行位置。

⑤监控保护及自动装置运行情况,监控各种运行信号。

⑥监控日报表中各整点时段的参数。

⑦监控电压棒型图等各类曲线图,确保各类报表的制作及打印输出。

⑧监控光字牌信号动作情况,并及时检查处理,必要时还应及时记录有关信号动作情况。

⑨对事故信号、预告信号进行检查、分析及处理。

⑩监控本站计算机及五防系统网络的运行状态,查看各类运行日志。

⑪监控计算机监控系统间隔层各设备的运行情况,检查 UPS 电源的运行情况,检查直流系统的运行情况。

⑫监控系统时钟是否准确一致,检查本站所做的安全措施情况。

## (二)操作员工作站的操作监控

操作员工作站的操作监控,是指运行人员通过操作员工作站在变电站内进行倒闸操作、继电保护及自动装置的投退操作以及其他特殊操作时,对操作过程中的各类信息进行监视、控制,以保证各种变电设备及操作人员在操作过程中的安全。操作监控的内容有一次设备的倒闸操作、继电保护及自动装置压板的投退操作、"五防"系统操作及其他特殊操作。

### 1. 事故及异常处理监控

(1)事故监控:指变电站在发生事故跳闸或其他异常情况时,运行人员通过操作员工作站对发生事故或异常情况前后某一特定时间段内的信息进行监视、分析及控制,以迅速、正确地判断、处理各类突发情况,使电网尽快恢复到事故或异常情况前的运行状态,保证本站设备的安全、可靠运行,确保整个系统的稳定。

(2)事故及异常处理监控的内容有:线路断路器继电保护动作跳闸的事故监控;主变压器过负荷的异常运行监控;主变压器冷却器故障的处理;主变压器油温异常的监控;主变压器继电保护动作跳闸后的监控及处理;各曲线图中超出上、下限值的监控及处理;音响试验失灵后监控;系统发生扰动后的监控;光字牌信号与事故、异常监控的关系等。

**2. 报文监控**

报文是指计算机网络内各站点的一次性要发送的、长度不限且可变的、代表一定信息内容的数据块。

报文监控在变电站微机监控系统中的意义如下：

(1)通过报文监控，可以核对监控后台显示的数据值与从测控单元、综合采集装置或直流信号采集装置内实际上传的数据是否对应。

(2)通过报文监控，软件开发人员可以测试微机监控程序的网络功能是否正常、程序有无缺陷、功能是否完备，有利于变电站微机监控软件的开发及调试。报文监控提供了对 LonWorks 或以太网报文进行监控的功能，可以单击 CSC – 2000 监控系统工具条来启动报文监控功能。对于双通道的 LonWorks 或以太网来说，在正常情况下两个通道的数据是完全相同的，当地监控程序只对主通道(每个装置都有自己的主通道)的数据进行放行而抛弃备用通道的数据。报文监控只显示了各装置主通道的数据，而不显示备用通道的数据。用户还可以拖动报文监控窗口的边框来改变监控窗口的大小。

报文监控窗口中 5 个按钮的功能如下：

①"清除"：清除报文监控窗口中所选报文。

②"清除所有"：清除报文监控窗口中所有报文。

③"暂停"：暂停报文监控功能。

④"关闭"：关闭报文监控窗口，同时清除报文监控窗口中所有报文。

⑤"报文过滤"：单击此按钮将弹出报文过滤选项对话框，对收到的报文进行过滤，只显示用户所关心的报文。可以按地址、报文类型和数据类型对报告过滤，以上三者皆为 ff 时显示所有报文，这是启动 CSC – 2000 后的初始配值。如用户只想监视 20 地址的 3007 报文(遥信报文)，则把地址设为 20，报文类型设为 30，数据类型设为 07 即可。地址一项中，可以为源地址或目标地址。如地址设为 20，报文类型设为 ff，数据类型设为 II，则既可以显示出 20 地址装置送上来的报文，又可以显示后台机向 20 地址装置发的遥控报文。在数据类型中，3 × 和 4 × 分别代表显示数据类型为 30 ~ 3f(遥测报文)和 40 ~ 4f(遥测、遥信混合报文)的报文。

## 三、变电站综合自动化系统运行的管理制度与巡视检查

### (一)交接班的内容

**1. 系统和本站的运行方式**

(1)设备的倒闸操作和变更情况以及执行的命令或未操作完的项目并说明原因。

（2）继电保护、自动装置、稳定装置、通信、微机监控、"五防"设备的运行及动作情况。

（3）设备异常、事故处理、发现缺陷及处理缺陷情况。

（4）设备检修、试验情况，安全措施的布置，地线的异动、组数编号、位置及使用情况。

（5）许可的工作票，停电、送电申请，工作票及工作班工作进展情况。

（6）按照设备巡视检查的内容对设备进行巡视检查。

（7）核对断路器、隔离开关、接地开关、保护压板的位置，检查模拟图板与记录是否相等。

（8）音响试验检查情况。

（9）网络的测试情况。

（10）所有工作站病毒检查情况。

（11）技术资料、图纸、台账、安全工具及其他用具、物品、仪表、钥匙齐全无损。

（12）工具、仪表、备品、备件、材料、钥匙等的使用和变动情况。

（13）当值已完成和未完成的工作及其有关措施。

（14）上级指示、各种记录和技术资料的收管情况。

（15）设备整洁、环境卫生、通信设备（包括电话录音）。

（16）其他事项。

**2. 倒闸操作管理**

（1）倒闸操作一般应在操作员工作站上进行，运行值班人员在操作人员工作站上进行任何倒闸操作时，应该一人操作、一人监护，严格遵守《电业安全工作规程（发电厂和变电所电气部分）》（DL/T 408—1991）的规定。

（2）运行值班人员必须按规定的权限进行操作，严禁执行非法命令或超出规定的权限进行操作。

（3）正常运行时，操作员工作站的两个显示器（CRT）应分别显示一次接线图和全站保护信号图，值班人员应认真监屏。可以在屏幕下的菜单中选择"左屏""右屏"来实现双显示器的切换。

（4）倒闸操作完毕后，应按系统运行方式在一次接线图中置上接地线符号及编号；检修时应该在一次图中标示检修牌。

（5）断路器、隔离开关、主变压器分接开关、站用变压器分接开关或继电保护检修时，应在监控系统上将各设备的遥测量、遥信量、遥控量改为"封锁"状态。

（6）正常运行时，除220 kV线路高频保护收发信机启动信号可在工作站上进行远方复归外，其他保护或自动装置的信号必须到现场核对、记录后，方可进行复归。

（7）每隔半年应将主机历史数据进行备份，该工作应由站长联系公司远动班完成。

(8)对监控系统界面、数据库及系统配置的修改必须由系统管理员进行,其他人员不得操作。

(9)操作员工作站的投入与退出应由系统维护人员进行,值班员一般不得操作。

### 3. 设备巡视管理

变电所计算机监控系统运行人员应按变电站计算机监控系统的实际情况,制订日常(定期)巡视表格,进行巡视检查并做好记录,不得漏查设备。发现设备缺陷时应及时填写缺陷记录和缺陷通知单,通知检修人员进行处理。

监控系统的巡视方式可以分为日常巡视、定期巡视和特殊巡视,其中日常巡视的频率应为每小值一次(或根据本站的要求进行)。

### 4. "五防"系统的入场管理

(1)"五防"系统在正常运行下应投入,值班人员不得擅自退出。

(2)"五防"系统的培训功能应由站长管辖,正常运行时投入逻辑判别功能,只有在每月考核时才由值长负责退出逻辑判别功能,对本值人员进行考核。

(3)"五防"系统不得擅自进行解锁,如果急需解锁操作,应根据有关规程执行。

### 5. 安全管理

变电所计算机监控系统的维护检修人员在进行变电站计算机监控系统的运行维护、检修校验时,必须严格遵守《电业安全工作规程(发电厂和变电所电气部分)》和变电站现场有关工作安全的规定,确保人身、设备的安全及设备的检验质量。

(1)测控装置及二次回路的安全管理。

①测控装置。测控装置的运行软件在运行期间原则上不允许做任何修改,若因大修和功能扩展必须修改时,应经上级调度批准后方可进行,且必须做好详细记录。

涉及防误操作逻辑闭锁软件的下载时,必须首先经运行管理部门审核,结合间隔断路器停运或做好遥控出口隔离措施经相关管辖部门批准后方可运行,并需要做好逻辑闭锁恢复正确性试验详细记录及相应的备份。

测控装置中的遥控驱动回路出口严禁使用光电隔离装置,必须使用直流110 V/220 V继电器输出。测控装置合闸同步检测的参数设定必须符合有关调度规程的规定,并定期检查、结合断路器检修做校验。

②二次回路。

a. 遥测回路。在遥测回路上工作时必须确保电流互感器回路不导通、电压互感器回路不短路。遥测的电压回路应装设适当的熔断器。

b. 遥信回路。结合一次设备的检修,每年至少对有关的遥信回路进行一次实际校验(如 500 kV 变电站的低压电抗器断路器、低压电抗器总断路器、200 kV 或 500 kV 断路器遥信回路等),并列入断路器检修常规性试验项目之一。

c. 现场就地柜的操作均应设断路器设备层的电气闭锁,防止逻辑闭锁出错造成隔离开关误动。

逻辑闭锁出错时,仅在需要紧急操作和有严密监控情况下,经直管调度同意后方可退出逻辑闭锁,实施强行操作。

在变电所计算机监控系统正常运行的情况下,遥控回路的设备运行状态和选择切换断路器状态都应处于变电站计算机监控系统的监视下。

遥控回路中的所有直流继电器(包括中间继电器)的动作电压应为额定直流电压的 50% ~75%,并应列为强制检定项目(每年一次)。

(2)站级监控系统安全管理。

严禁在变电所计算机监控系统上使用与系统无关的任何软件,以免造成系统运行异常,危害电网的安全。

变电所计算机监控系统的运行软件在运行期间原则上不允许做任何修改,若因大修和功能扩展必须修改时,首先应明确修改性质和范围,在确认修改工作不致造成系统误动作的前提下,编写详细的报告,经有关部门总工程师的批准,在实施适当防止误动作的安全措施后进行,经 24 h 的试运行(24 h 内的操作在间隔层上运行),确认其可靠后再复制到整个系统。以上工作如果影响电网运行,则必须按规定办理计划检修工作申请手续,经直接管辖的调度机构批准后方可进行,并做好详细记录。

未经直接管辖的调度机构批准,严禁在变电所计算机监控系统中投用未经可靠性检验的功能扩展软件或其他功能软件,以免破坏系统运行稳定或造成系统误发控制命令、监控系统误动作事故。

在变电所计算机监控系统上进行断路器设备遥控操作,必须实行操作人和监护人的双重唱票,确认有两名以上工作人员操作,严禁独自操作。必须定期消除监控系统中状态误动、告警报告、信号错位等异常现象,确保电网事故时的准确记录。

(3)网络管理安全管理。

①严禁将变电所计算机监控系统的内部网络与公用的信息管理网络或其他非电力系统实时数据传输专用的网络连接,以免系统受到不明来源的攻击导致监控系统的瘫痪或误控。

②严禁将变电站计算机监控系统与因特网连接。

③对于远方维护诊断的使用,必须经相关部门的审批后方可进行,并需要做

好使用情况的详细记录,远方维护诊断口不使用时,应与通信线路断开连接。

④变电所在扩建及技术改造工程中必须考虑测控装置、二次回路、监控系统及网络的安全,应采取措施确保系统的安全运行。

(4)其他管理。

①值班人员不得在与网络相连的后台机上(如监控系统、"五防"系统、站长工作站等)进行与运行无关的操作。

②值班人员必须按照权限分级,对监控及"五防"系统进行操作和管理,不得越级进行操作。

③站内所有用户的口令(密码)、身份由站内计算机监控及"五防"系统的专职维护管理人员负责管理,管理员根据权限级别的适用范围,为站内不同使用者设置不同的口令,不得将口令透露给他人,以防责任事故的发生。

④外来人员对后台机进行操作前需得到值班人员许可,否则值班人员应立即制止。

⑤非必要时,严禁任何人通过计算机监控系统和"五防"系统后台机上的软盘驱动器(软驱)复制文件,以免带入病毒或运行其他影响系统运行的程序。特殊情况下,需复制文件或进行其他工作时,必须征得站内计算机监控及"五防"系统的专职维护管理人员的同意后才能进行。

⑥在监控主机或主单元及其规约转换机上进行维护,注意工作时认清系统设备,保证在工作时不影响其他设备的正常运行,防止全站系统瘫痪;严禁工作人员不按照工作任务与内容乱改系统数据库、程序和规约;严禁工作人员在计算机上使用不明磁盘。

⑦系统运行时,严禁随意敲打计算机显示器、机箱等部分,严禁用手随意触摸显示器屏幕。计算机机箱、音箱、显示器等应定期进行清洁工作,运行人员应按照站内设备维护的有关规定工作。

⑧继保工程师站是继保人员修改定值、调试保护及故障录波分析的后台机,值班人员不得进行操作,不得越限工作。

⑨集中录波装置的录波数据一般从继保/录波工作站调用,不得从录波器转入软驱,防止病毒侵入录波器,破坏录波系统。

⑩严禁将强磁性物体靠近计算机。

⑪严禁删除计算机内的任何程序、数据及文件等。

⑫严禁对工作站的键盘、鼠标等部件进行热插拔,防止对系统产生严重影响。

(二)变电所综合自动化系统运行的巡视检查

①检查操作员站上显示的一次设备状态是否与现场一致。

②检查监控系统各运行参数是否正常,有无过负荷现象;检查母线电压三相

是否平衡、正常;系统频率是否在规定的范围内;检查其他模拟量显示是否正常。

③检查继电保护、自动装置、直流系统等状态是否与现场实际状态一致;检查保护信息系统(工程师站)的整定值是否符合调度整定通知单要求。

④核对继电保护及自动装置的投退情况是否符合调度命令要求;检查记录有关继电保护及自动装置计数器的动作情况。

⑤检查变电站计算机监控系统功能(包括控制功能、数据采集和处理功能、报警功能、历史数据储存功能等)是否正常。

⑥检查电压无功控制(VQC)装置是否按要求投入,运行情况是否良好,有无闭锁未解除的情况。

⑦调阅其他报表的登录信息,检查有无异常情况;检查一览表中的登录情况。

⑧检查光字牌信号有无异常信号;检查遥测、遥信、遥调、遥控、遥脉功能是否正常;检查"五防"系统一次设备显示界面是否正常、是否与设备实际位置相符,与监控系统通信是否正常,是否正常操作;检查告警音响和事故音响是否正常。

⑨检查所有工作站是否感染病毒;测试网络运行是否正常;检查与电网安全运行有关的应用功能的运行状态是否正常。

⑩检查报文(实时及 SOE 调用)显示、转存、打印是否正常;检查监控系统打印机运行是否正常;检查报警、报表数据的合理性。

⑪检查监控系统各元件有无异常,接线是否紧固,有无过热、异味、冒烟现象;检查交、直流切换装置工作是否正常。

⑫检查设备信息指示灯(电源指示灯、运行指示灯、设备运行监视灯、报警指示灯等)运行是否正常;检查监控系统设备各电源小开关、功能开关、把手的位置是否正确。

⑬检查监控系统有无异常信号、间隔层控制面板上有无异常报警信号;检查屏内电压互感器、电流互感器回路有无异常。

⑭检查屏内照明和加热器是否完好和按要求投退;检查 GPS 时钟是否正常;检查全所安全措施的布置情况;检查直流系统运行情况;检查全所通信(包括各保护小室与监控系统及网络的通信)是否正常。

⑮检查人工置数设备列表;检查各工作站运行是否正常。

⑯检查"五防"系统一次设备显示界面是否正常,是否与设备实际位置相符,是否与监控系统通信正常。

⑰检查监控系统中"五防"锁状态是否闭锁;检查保护小室控制面板上的切换开关是否按要求投入。

⑱检查各保护装置与监控系统的通信状态是否正常;检查间隔层控制面板上有无异常报警信号。

⑲检查前置机主单元是否运行正常,数据是否正常更新。

⑳检查各遥测一览表中的实时数据是否更新。

## 四、巡视检查项目与技术管理内容

### (一)巡视检查项目

①检查操作员工作站上显示的一次设备状态是否与现场一致。

②检查监控系统各运行参数是否正常、有无过负荷现象,母线电压三相是否平衡、是否正常,系统频率是否在规定的范围内,其他模拟量显示是否正常。

③检查继电保护、自动装置与直流系统状态是否与现场实际状态一致;检查保护信息系统(工程师站)的整定值是否符合调度整定通知单要求;核对继电保护及自动装置投退情况是否符合调度命令要求。

④检查记录有关继电保护及自动装置计数器的动作情况,同时检查监控系统功能(控制、数据采集与处理、报警、历史数据储存功能等)是否正常。

⑤检查电压无功控制装置是否按要求投入、运行情况是否良好,有无闭锁未解除的情况;调阅其他报表的登录信息并检查有无异常情况。

⑥检查上一值的操作在操作一览表中的登录情况;检查光字牌信号有无异常;检查遥测、遥控、遥调、遥信及遥视等功能是否正常。

⑦检查"五防"系统一次设备显示界面是否正确,是否与设备实际位置相符,与监控系统通信是否正常,是否能正常操作。

⑧检查告警音响和事故音响是否良好;检查所有工作站是否感染病毒并测试网络运行是否正常;检查与电网安全运行有关的应用功能的运行状态是否正常。

⑨检查报文(实时及 SOE 调用)显示、转存、打印是否正常;检查监控系统打印机运行是否正常;核对报警、报表数据的合理性;检查各遥测报文实时数据是否更新。

⑩检查监控系统各元件有无异常,接线是否紧固,有无过热、异味、冒烟现象,检查交、直流切换装置工作是否正常;检查设备信息指示灯(电源、运行、设备运行监视、报警指示灯)运行是否正常。

⑪检查监控系统设备各电源小开关、功能开关与把手的位置是否正常,有无异常信号,间隔层控制面板上有无异常报警信号。

⑫检查屏内压互、流互有无异常;检查屏内照明和加热器是否完好、是否按要求投退;检查 GPS 时钟与全所安全措施布置情况是否正常。

⑬检查全所直流系统运行情况、通信(包括保护小室、监控系统及网络通信)是否正常;检查人工置数设备列表;检查各工作站运行是否正常。

⑭检查"五防"系统一次设备显示界面是否正确,监控系统中五防锁状态是否闭锁,是否与设备实际位置相符,与监控系统通信是否正常。

⑮检查保护小室控制面板上的切换开关是否按要求正确投入,各保护装置与监控系统的通信状态是否正常,各间隔层控制面板上有无异常报警信号,前置机主单元是否正常运行,数据是否正常更新。

### (二)技术管理内容

(1)综合自动化系统投入运行时,应具备以下技术文件:

①竣工原理图、安装图、技术说明书与电缆清单等技术资料,厂家提供的装置说明书、保护装置与监控系统的原理图、故障检测手册、合格证明和出厂试验报告等技术文件。

②新安装检验报告与验收报告,微机保护装置定值和程序通知单,厂家提供的软件框图和有效软件版本说明,微机继电保护装置的专用检验规程。

(2)运行资料应由专人管理,保持齐全、准确。运行中的装置改进时,应有书面改进方案,按管理范围经继电保护主管机构批准后方可进行。改进后应做相应试验,及时修改图样资料并做好记录。

(3)电力系统各级继电保护机构,对所管理的微机保护装置的动作情况,应按照《电力系统继电保护及电网安全自动装置运行评价规程》进行统计分析,并对装置本身进行评价。对不正确的动作应分析原因,提出改进对策并及时上报主管部门。

(4)电力系统各级继电保护机构,对直接管辖的微机继电保护装置,应统一规定检验报告的格式。检验报告应完整,包括:被试设备的名称、型号、制造厂家、出厂日期、出厂编号,装置的额定值,检验类型,检验条件,检验工况,检验结果及缺陷处理情况,有关说明和结论,使用的主要仪器、仪表的型号和出厂编号,检验日期,检验单位的试验负责人和试验人员名单,检验负责人签字。

(5)为了便于运行管理和装置检验,同一厂家继电保护装置型号不宜过多,每一种型号的微机保护装置应配一套完好的备用插件,投入运行的微机继电保护装置应有专责维护人员,建立完善的岗位责任制。

## 五、运行维护工作

变电所计算机监控系统检修人员应做好月度和定期测试工作,现场运行人员应做好监控系统的运行维护工作。

### (一)月度和定期测试工作

**1.月度测试的内容**

(1)测量电源的供电电压和对地电压。

(2)测量通信通道电平。

（3）核对模拟量、状态量信息的正确性。

**2. 定期试验测试的内容**

（1）定期试验测试和维护的内容。

对时精度、系统响应性能指标、系统环境条件测试，电压无功控制功能的试验，UPS 充、放电试验。

（2）结合一次设备停电检修的试验测试内容。

测量系统精度、控制回路直流继电器的动作电压、同期合闸检测功能的试验，闭锁与联锁功能的试验。

## （二）变电站综合自动化系统的维护

**1. 巡视设备屏体**

检查运行显示灯是否正常、系统时钟是否对位；检查各模块工作电压是否正常；检查定值区是否与定值通知单相一致；检查遥信动作情况，与调度核对模拟量和状态量；检查插件是否有过热、松动现象；定期进行误差检测。

**2. 后台监控**

检查鼠标键盘是否运行灵活，各连接线是否松动，音箱是否正常，各种数据量与状态量是否与实际运行情况相符、能否做遥控命令和取保护定值；检查计算机是否有病毒侵入、系统软件运行是否良好，有网络集线器的还要检查连接线是否完好、通信指示是否正常。

**3. 检查 UPS**

检查工作是否正常，此项检查还包括整个设备所提供的交流和直流输入电压是否正常。

**4. 规范缺陷管理**

建立缺陷单管理制度，运行人员、自动化人员凡发现异常或缺陷都应及时填写缺陷单，以便及时发现并处理问题。处理问题的过程应有详细的记录，以便今后更好地积累经验，做好维护工作。

**5. 通道测试**

综合自动化系统的上传下行与通道质量有很大关系，所以日常维护一定要对通道进行测试，以便及时发现并处理问题。

# 第二节　变电所综合自动化系统异常及处理

## 一、变电所综合自动化系统故障分析和检查方法

### (一)正确分析判断异常问题

变电站综合自动化系统是涉及多种专业技术的复杂系统,在处理异常问题时要做到:

①思路清晰,明白信息反映的问题,一定要熟悉检查步骤,并按常规方法进行检查。

②找到关键点,缩小故障范围。

③针对以上判定的故障范围进一步查找故障点。

推荐几种在实际工作中合适的故障分析和检查的方法。

(1)系统分析法。

首先,应对自动化系统有一个清晰的认知,了解系统由哪些子系统组成、每个子系统作用原理如何、每个子系统均由哪些主要设备组成、每台设备的功能如何等。知道了系统中某设备的功能,就会知道该设备失效将会给系统带来什么后果,那么反过来就可以判断系统发生的故障可能是哪台(哪些)设备的原因。

(2)排除法。

自动化系统较为复杂,而且它还与变电站的一、二次设备有关联,因而应先用排除法判断究竟是自动化设备故障还是相关联的其他设备故障。

例如,对断路器进行遥控操作时位置信号不变,操作员在对某台断路器进行遥控操作时,屏幕显示遥控返校正确但始终未能反映该断路器变位。对于这种情况,可先利用系统分析法检查该断路器在当地操作合分闸时的位置触点是否正确,如果断路器无论是在合闸时还是分闸时其位置触点状态都始终保持不变,则证明问题出在位置触点上,而自动化系统无问题,可以排除。如位置触点状态正确且相关电缆完好,则可以认为问题出在遥信方面。此例是对于自动化系统中自动化设备与相关设备以及自动化设备内部的排除判断法。

(3)电源检查法。

一般来说,运用一段时间以后的自动化系统已进入稳定期,设备本身发生故障的情况会比较少,但却又产生了设备故障。遇到这种情况时首先应检查电源电压是否正常,熔断器熔断、线路板接触不良等都会造成工作电源不正常,因而导致设备异常或故障。这种方法适合在通过分析法、排除法确定了故障出在哪台设备上后进行。

（4）信号追踪法。

自动化系统是依靠数据通信来完成其功能的。数据通信是看不见、摸不着的，但可以借助示波器、毫伏表等设备检测出来。通过示波器、毫伏表追踪信号判断也是判断故障点的一种有效方法。

（5）换件法。

自动化系统应该是连续工作的，如发生故障应尽快恢复。为做到这点，应配备适当数量的备品、备件，供应急时使用。如已通过上述方法找到故障设备，而这些设备很复杂，一时无法修复，则有备品、备件可直接更换，恢复系统正常运行。

## （二）变电所综合自动化系统的异常及故障的检查

### 1. 变电所综合自动化系统故障的处理原则

（1）因变电所微机监控程序出错、死机及其他异常情况产生的软故障，处理方法一般是重新启动。

（2）两台监控后台正常运行时以主/备用机方式互为热备用，"当地监控1"作为主机运行时，应在切换柜中将操作开关置"当地控制1"，当"当地监控1"发生故障时，"当地监控2"自动升为主机，同时应在切换柜中将操作开关置"当地监控2"。

（3）测控单元通信网络发生故障时，监控后台不能对其进行操作，此时如有调度的操作命令，值班人员应到保护小间进行就地手动操作，同时立即汇报，调度通知专业人员进行检查处理。

（4）微机监控系统中发生设备故障、不能恢复时，应将该设备从监控网络中退出，并汇报调度部门。

（5）通信中断时，应判断该装置通信中断是由保护装置异常引起的还是由站内计算机网络异常引起的，如果是计算机网络异常引起的通信中断，则处理时不得对该保护装置进行断电复位。

### 2. 监控系统的故障检查

（1）采集单元数据不准确。

①在监控系统遥测表画面下，如果发现某一间隔的所有遥测数据都不会更新，且站内网络通信正常、支持程序运行正常、采集装置运行指示正常，即可判断该间隔的采集单元已死机或已损坏。

②在检查日负荷或电压报表时，如果发现某一间隔的所有报表数据都从未改变，且站内网络通信正常、支持程序运行正常、采集装置运行指示正常，则此时应该检查该间隔的采集单元是否已经死机。

（2）变电站微机监控网络通信中断。

①根据监控后台的通信一览表，确认通信中断的是哪一装置。

②检查各计算机的网卡运行是否正常。

③检查网线、光缆是否正常。

④检查光电转换器是否损坏。

⑤对经过规约转换的设备，还应检查 RS485 转换机运行是否正常。

⑥检查中断通信的装置是否仍在运行状态，运行是否正常。

⑦检查光电转换器是否正常。

（3）在微机监控后台通信一览表中，如果发现某一保护小室的通信全部中断，在检查该保护小室内各继电保护及自动装置都正常运行的情况下，应检查安装在该保护小室内的光电转换器或安装在主控制室内与该小室对应的光电转换器是否发生故障。

（三）常见故障处理

（1）在微机监控系统中远方遥控操作保护软压板失败后，若继电保护回路工作，则检查所操作的保护装置菜单是否退出。保护在进入菜单后将无法进行任何操作（包括投、退压板，调装置采样值，调装置历史报告，操作装置定值等）。

（2）在监控后台交换收发信机信号时，保护的"收信接点"或"通道试验"光字牌一直亮起，再次对通道二进行通道试验后可将光字牌熄灭。

（3）监控系统中网络通信异常，但检查监控网络硬件正常，可将主控室中 RS485 转换柜中的 Hub 电源开关快速断开后再合上。此处理方法不会影响设备的运行。

（4）进行倒闸操作时，若按正常操作步骤操作但不成功，则应检查"五防"系统中的操作票系统和 WFServer 服务程序运行是否正常。

（5）在"五防"系统中向电脑钥匙进行"五防"传票，若传票不成功，可将电脑钥匙总装置电源断开后再合上；或将"五防"系统重新启动，再次进行"五防"传票。

（6）在站内监控网中若不能正常进行打印操作，可再次安装打印机驱动程序。

（7）功率测量不准的处理方法。

测控装置测量功率不准的情况，在排除电压、电流刻度值没有调准的原因后，则很有可能是电压或电流相序接错的缘故。不论是两表法测功率还是三相电压三相电流测功率，相序接错都会导致功率测量不准，尤其是当测量出的功率比实际功率小（如是实际功率的 1/3 或 2/3）时，更可确定是相序问题。

（8）在监控机上不能对一次设备进行操作时的处理方法。

①检查发出的操作命令是否符合"五防"逻辑关系，若"五防"系统有禁止操作的提示，则说明该操作命令有问题，必须检查是否为误操作。

②检查"五防"应用程序及"五防"服务程序运行是否正常，必要时可重新启动"五防"计算机并重新执行"五防"系统。

③检查被操作设备的远方控制是否已闭锁,若远方控制闭锁,应将远方/就地选择转换开关切换至"远方"。

④ 检查被操作设备的操作电源开关是否已经闭合。

⑤检查被操作设备的测控装置运行是否正常,必要时可重启该设备的测控装置。

(9)在监控机上投退保护软压板不成功时,应检查:

①监控网络是否通信中,监控程序是否出错。

②监控系统从实时数据库读取的压板位置是否对应。每次投退压板后,监控系统实时数据库将把压板的位置记录下来,但有时由于网络传输数据出错,影响到实时数据库,此时操作保护压板,因压板实际位置为要操作的位置,位置不对应,操作失败。

例如,压板实际位置为"投入",实时数据库原记录也为"投入",但由于数据库出错导致记录改为"退出"位置(监控系统显示仍为"投入"位置),此时要将保护退出,因数据库记录与实际位置不对应,操作失败。

③受有些保护运行要求的影响,投退不成功。例如,LEP 系统保护装置在进入保护菜单后,远方操作保护压板及保护定值都不能成功。

## 二、常见故障判断与处理方法

以 RCS-9600 综合自动化系统为例,介绍变电站综合自动化系统常见故障判断及处理方法,其他综合自动化系统也可作为参考。

### (一)遥测数据不更新

遥测数据不更新的处理流程如图 5-1 所示。

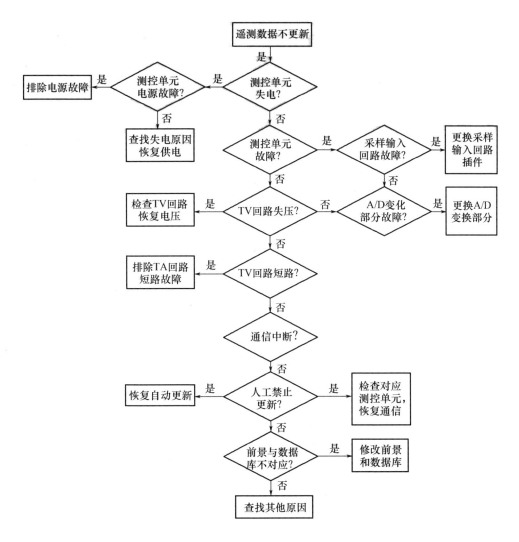

**图 5 - 1　遥测数据不更新的处理流程**

（二）遥测数据错误

遥测数据错误的处理流程如图 5 - 2 所示

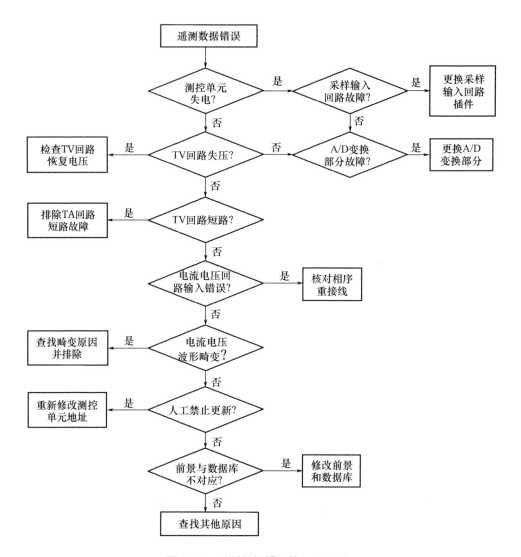

图 5 - 2　遥测数据错误的处理流程

（三）遥测精度差

遥测精度差的处理流程如图 5 - 3 所示。

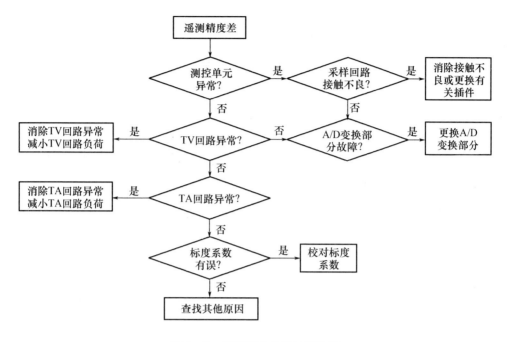

图 5 - 3　遥测精度差的处理流程

（四）个别遥信频繁变位

个别遥信频繁变位的处理流程如图 5 - 4 所示。

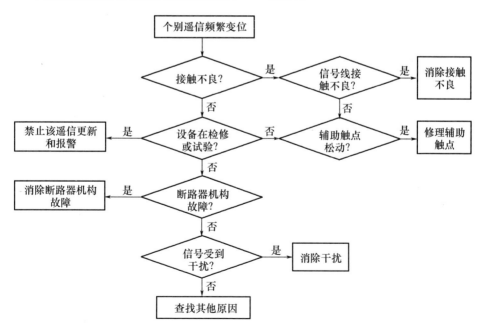

图 5 - 4　个别遥信频繁变位的处理流程

## （五）个别遥信数据不更新

个别遥信数据不更新的处理流程如图 5 - 5 所示。

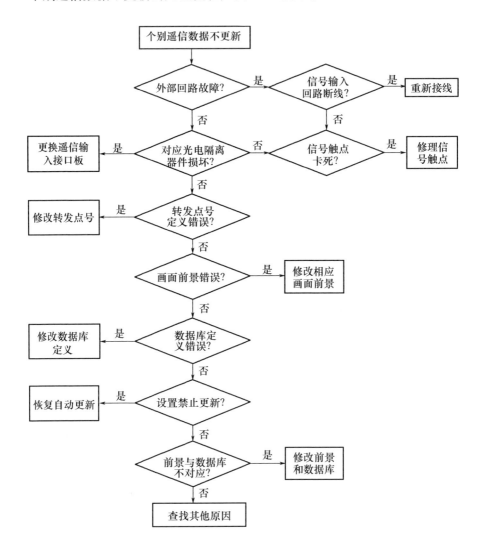

图 5 - 5　个别遥信数据不更新的处理流程

## （六）遥控命令发出，遥控拒动

遥控命令发出，遥控拒动的处理流程如图 5 - 6 所示。

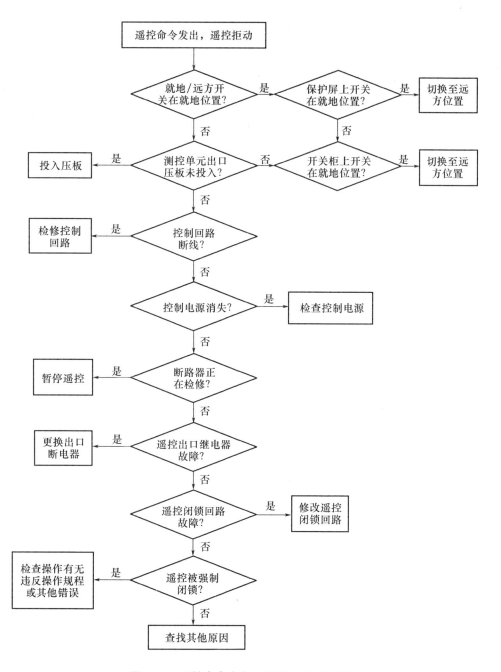

图 5 – 6　遥控命令发出，遥控拒动的处理流程

（七）遥控返校错或遥控超时

遥控返校错或遥控超时的处理流程如图 5 – 7 所示。

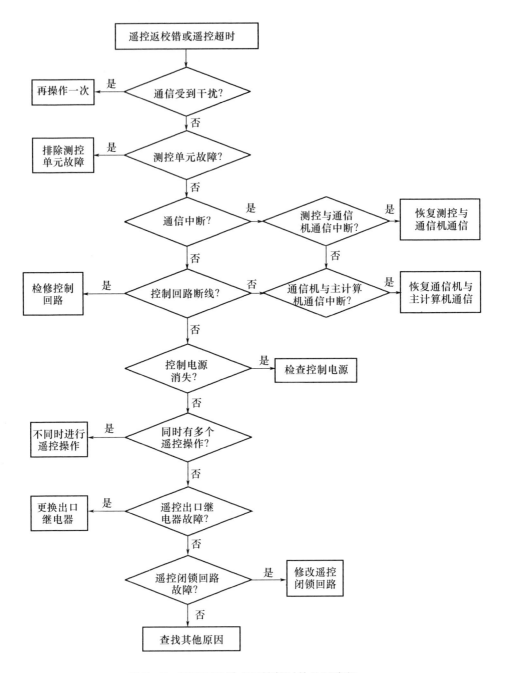

图 5 - 7    遥控返校错或遥控超时的处理流程

（八）遥控控命令被拒绝

遥控命令被拒绝的处理流程如图 5 - 8 所示。

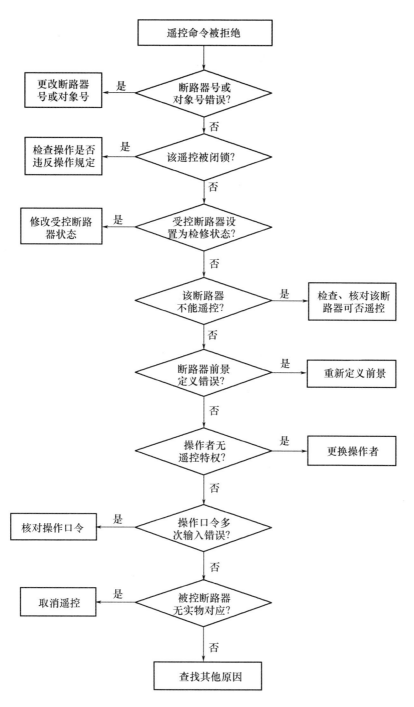

图 5 - 8　遥控命令被拒绝的处理流程

（九）遥调命令发出，遥调拒动

遥调命令发出，遥调拒动的处理流程如图5-9所示。

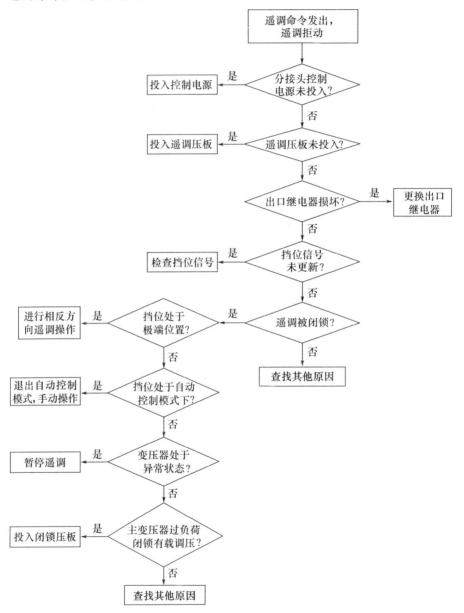

图5-9  遥调命令发出，遥调拒动的处理流程

（十）测控单元失电

测控单元失电的处理流程如图5-10所示。

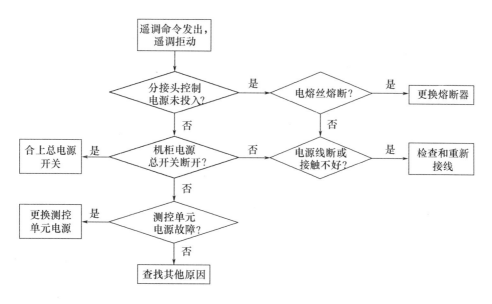

**图 5 – 10　测控单元失电的处理流程**

（十一）测控单元与通信机通信不通

测控单元与通信机通信异常的处理流程如图 5 – 11 所示。

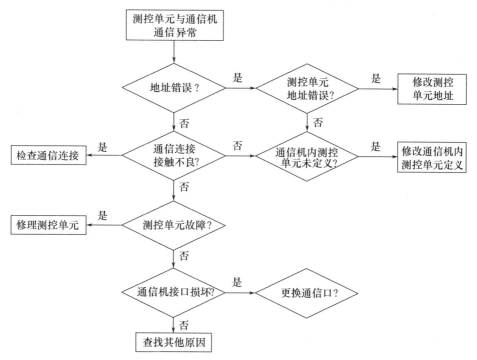

**图 5 – 11　测控单元与通信机通信异常的处理流程**

## (十二)测控单元模拟量采样异常

测控单元模拟量采样异常的处理流程如图 5 - 12 所示。

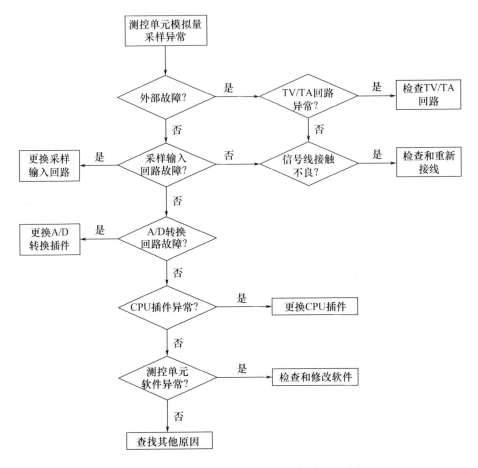

**图 5 - 12　测控单元模拟量采样异常的处理流程**

## (十三)测控单元开关量采集异常

测控单元开关量采集异常的处理流程如图 5 - 13 所示。

## (十四)测控单元遥控拒动

测控单元遥控拒动的处理流程如图 5 - 14 所示。

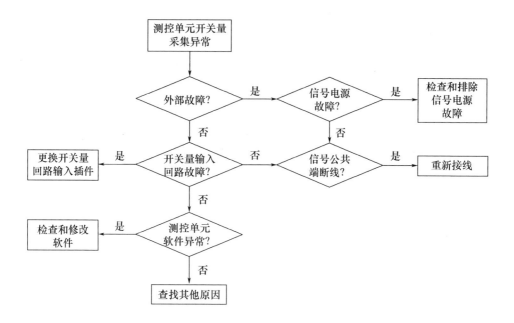

图 5-13　测控单元开关量采集异常的处理流程

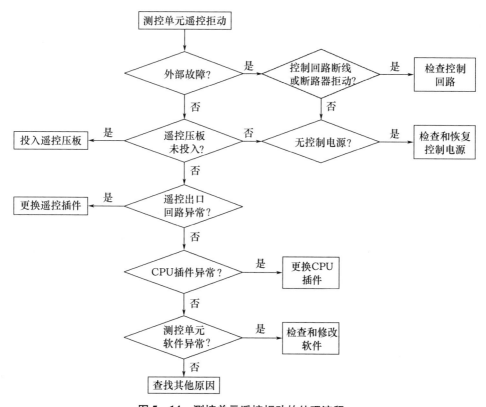

图 5-14　测控单元遥控拒动的处理流程

## (十五)计算机不能查看保护信息或动作信息没有显示

计算机不能查看保护信息或动作信息没有显示的处理流程如图 5－15 所示。

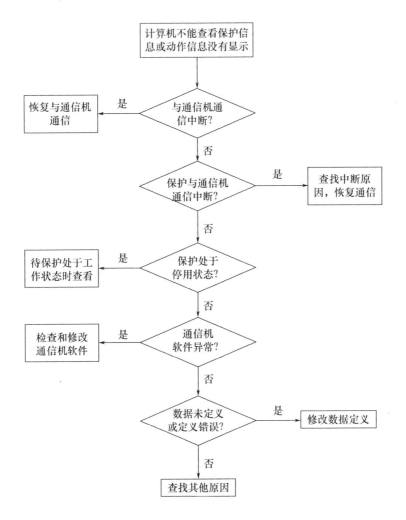

**图 5－15  计算机不能查看保护信息或动作信息没有显示的处理流程**

## (十六)画面显示错误

画面显示错误的处理流程如图 5－16 所示

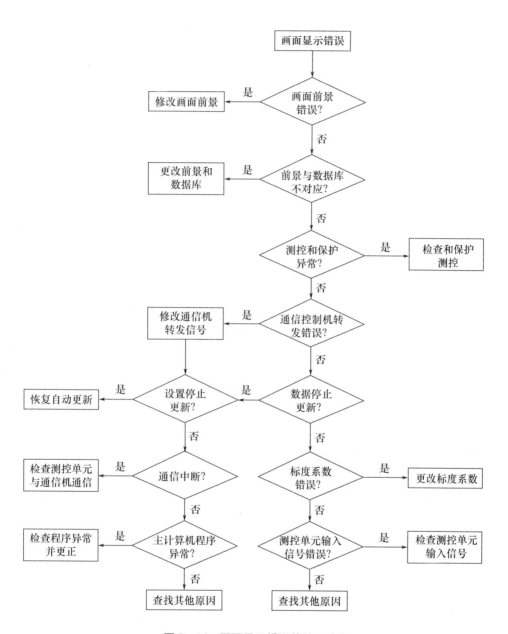

图 5 - 16 画面显示错误的处理流程

# 第三节　变电所综合自动化系统定期检查

## 一、变电所综合自动化系统定检作业项目

### （一）外部检查

**1. 检查内容**

（1）检查机箱与外部连接线的可靠性。

（2）检查机箱内各设备状况、防尘情况及灰尘清扫情况。

**2. 检查方法**

（1）设备退出运行，关断电源，清理连接处的灰尘。

（2）打开机箱，用毛刷进行清扫。

（3）接通电源，重新开机，检查设备运行是否正常。

**3. 注意事项**

在关机状态下进行检查。

### （二）工作电源检查

**1. 检查内容**

（1）检查供电电源设备输出电压。

（2）检查电源插头及接线的可靠性。

（3）检查机器的散热情况。

**2. 检查方法**

（1）用万用表测量电源插座电压，核对两侧电源开关容量。

（2）目测电源线路是否老化，插头及插座铜片是否氧化或受污染。

（3）用手触摸设备外部，对于采用风扇散热的设备，应检查风扇是否转动。

**3. 注意事项**

（1）一人操作，一人监护。

（2）防止触电、短路等意外情况发生。

（3）注意开、关机顺序，不要影响其他设备的正常供电。

（4）严禁在开机状态下带电拔插电源插头。

（5）不要破坏供电系统的独立性。

## （三）计算机及其外围设备的工作正确性与可靠性检查

**1. 检查内容**

（1）设备自检及联机测试。

（2）核对设备发挥的功能与设计是否一致。

（3）连续运行的可靠性。

**2. 检查方法**

（1）外观检查，包括指示灯正确性、设备连接可靠性、设备标识准确性的检查。

（2）调出监控系统图，观察网络及各设备运行的正确性；调用其他监视图形，对系统功能逐一检查。

（3）调用监控报表打印功能，检验打印机外围设备的工作正确性。

**3. 注意事项**

（1）熟悉系统功能，正确操作。

（2）保存好原始记录，供分析处理。

## （四）检查抗干扰措施的实施情况

**1. 检查内容**

检查供电装置的隔离、接地及防雷状况。

**2. 检查方法**

（1）检查供电装置接地、隔离的可靠性。

（2）安装以太网防雷器的，需要检查防雷器接地线是否正确连接变电所接地网。

## （五）监控软件版本的检查及核对

**1. 检查内容**

查看及核对监控软件的版本号。

**2. 检查方法**

查看计算机屏幕上方 CSC – 2000 监控系统"V＊"工具条，"＊"即为监控版本号。

**3. 注意事项**

现场运行的版本号必须与有效记录的版本号、有效备份的版本号保持一致。

## （六）站控层与间隔层设备通信状态的检查

### 1. 检查内容

站控层与间隔层设备通信状态。

### 2. 检查方法

从监控主画面上调取通信一览分图,查看全所通信状态(绿色为通,红色为断)。

## （七）查看遥测、遥信信息的正确性并结合间隔层设备定检完成三遥(无遥调)信息的检查

### 1. 检查内容

(1)检验遥测值的正确性及精度。

(2)检验遥信点的准确性。

(3)检验遥控信息点的正确性。

(4)检验事件顺序记录(SOE)的正确性及分辨率。

### 2. 检查方法

(1)将监控系统后台机的显示值与测控装置显示值进行对比,二者应基本一致,对个别误差偏大的测点应查找原因。

(2)在遥测回路加测试电流、电压,检测输入值以及监控系统后台机和调度端输出值是否一致及误差范围。

(3)通过事件顺序记录查询功能检验 SOE 的正确性及分辨率。

(4)结合间隔层停电设备进行"三遥"试验,检查遥测、遥信、遥控上送信息的正确性及遥控的实时性和准确性。

### 3. 注意事项

(1)只进行主机、操作员站定检(无停电间隔)时,只进行检查方法中第(1)项。

(2)结合间隔层停电,检验方法中的第(1)~(4)项全部进行。

(3)进行测试时不要影响其他回路的正常运行;若有信号线被解开,测试后应复原。

(4)注意遥控操作的预控措施。

（八）后台系统实时监控程序各种功能（遥控操作、权限设置与信号复归等）的正确性与完备性检查

**1. 检查内容**

后台系统实时监控程序中的遥控操作、权限设置与信号复归等。

**2. 检查方法**

（1）对现场条件允许的断路器和隔离开关进行实际操作，检验操作流程正确性，检验监护人、操作人权限是否正确。

（2）在操作员工作站上复归某一间隔层设备，相应的保护设备应能被复归，光字牌应能被清闪复归。

**3. 注意事项**

为防止遥控错间隔，检验某一间隔时，应把其他相邻运行的设备切换到就地位置。

（九）监控系统其他各子系统（如报表、趋势分析等的正确性及完备性检查）

**1. 检查内容**

监控系统其他子系统。

**2. 检查方法**

（1）在监控系统各主机/操作员站上分别调取相关报表及曲线，检查表格的格式是否正确、显示是否清晰、有无数据丢失现象，曲线的颜色配置是否正确并无中断现象，打印机输出是否清晰、完整。

（2）查阅已储存或输出的历史记录。

**3. 注意事项**

注意历史曲线的正确使用。

（十）检查监控系统各种告警功能（包括音响报警、画面告警等）

**1. 检查内容**

监控系统各种告警。

**2. 检查方法**

（1）用测试音响系统查看音响是否正常。

（2）在进行遥信检查时，遥信告警应能正确退出告警窗口，同时查看对应遥信点音响告警是否鸣响、响声是否正确、相关画面光字是否正确。

（3）事故跳闸时，SOE 应准确，事故追忆功能应能记录事故时的状态画面。

（4）历史告警应能记录所有对设备的操作过程及相关步骤、操作人员、监护人员，记录保护操作、修改数据库的时间和人员，记录网络通信状态、计算机、遥控自检等信号。

**3. 注意事项**

无间隔停电时，只查阅相关历史记录。

### （十一）监控系统的系统备份和数据备份检查

**1. 检查内容**

监控系统的系统备份和数据备份。

**2. 检查方法**

将"C：\CSC – 2000"文件夹备份到监控机以外的计算机内，查看文件夹属性文件大小应与监控机内一致；刻制备份光盘，光盘的卷标以站名和备份时间命名。

**3. 注意事项**

工作过程中切记不要删除现有文件。

### （十二）检查 CPU 负荷率、硬盘可用容量、各种进程运行状态

**1. 检查内容**

CPU 负荷率、硬盘可用容量、各种进程运行状态。

**2. 检查方法**

在计算机屏幕下方的"任务栏菜单"上单击右键，选择"任务管理器"，CPU 负荷率、硬盘可用容量、各种进程（Wizcon、Wizrun、Wizuser、Wizpro）应正常运行。

**3. 注意事项**

"五防"机 WF – Server 进程应正常运行。

### （十三）图形（特别是主接线图）、调度编号与现场一致性检查

**1. 检查内容**

图形（特别是主接线图）、调度编号与现场一致性。

**2. 检查方法**

在主站/操作员站上检查主接线图，图中显示的断路器、隔离开关、接地开关位置，$I$、$U$、$P$、$Q$ 值及调度编号与现场实际状态，工程值和实际调度编号一一对照检验是否一致。

### 3. 注意事项

对于新投运设备一年后的定检,应一一核对。注意:监控后台主机的主接线图要与已审批的接线图保持一致。

## 二、定检准备工作

根据现场定检任务、人员要求、试验仪器与工具材料对人员进行分组、分工并准备试验仪器。

### (一)准备工作

| 序号 | 内容 | 标准 | 备注 |
|------|------|------|------|
| 1 | 定检任务前结合一次设备停电计划,提前3~5天做好定检摸底工作,根据具体情况在检验工作前提交相关停电申请 | 摸底工作包括检查设备状况(包括运行工况、定检记录、缺陷处理与系统配置等内容)和反措施计划执行情况 | |
| 2 | 开工前一周,向相关专业及中调、网调有关部门上报本次定检工作的内容、计划 | — | |
| 3 | 根据本次定检的项目,全体工作人员在开工前应认真学习作业指导书,熟悉定检设备的相关图纸、作业内容、进度要求、作业标准和安全注意事项 | 要求所有工作人员都明确本次定检的作业内容、进度要求、作业标准及安全注意事项 | |
| 4 | 开工前一天,准备好所需仪器仪表、工器具、最新参数订单、相关材料、备品备件、相关图纸、上一次定检报告、本次需要改进的项目及相关技术资料 | 仪器仪表、工器具、备品备件应试验合格,材料应齐全,图纸及资料应符合现场实际情况 | |
| 5 | 根据现场工作时间和内容落实工作票和"二次设备及回路工作安全技术措施单" | 工作票应填写正确,并按《铁路电力安全工作规程》与工作票技术规范部分执行 | |

## (二)人员要求

| 序号 | 内容 | 备注 |
|---|---|---|
| 1 | 现场工作人员应身体健康、精神状态良好 | |
| 2 | 工作人员必须具备必要的电气知识,掌握本专业作业技能 | |
| 3 | 全体人员必须熟悉《铁路电力安全工作规程》的相关知识,并考试合格 | |
| 4 | 定检作业至少需要检验作业人员两人。其中工作负责人宜为从事专业工作三年以上的人员一人,作业参加人为从事专业工作半年以上的人员一人 | |
| 5 | 参与工作的厂家人员及外单位工作人员必须满足各供电局有关外来人员进所工作的相关规定 | |

## (三)试验仪器与工具材料

| 序号 | 名称 | 规格 | 单位 | 数量 | 备注 |
|---|---|---|---|---|---|
| 1 | 多用电源插座 | 220 V/20 A | 只 | 1 | |
| 2 | 个人工具箱 | — | 个 | 1 | |
| 3 | 摇表 | 500 V | 只 | 1 | |
| 4 | 电流钳表 | AC/DC | 只 | 1 | |
| 5 | 万用表 | — | 只 | 1 | |
| 6 | 试验线 | — | 条 | 若干 | |
| 7 | 继保综合试验仪 | | 台 | 1 | |
| 8 | 便携式专用测试电脑 | — | 台 | 1 | |
| 9 | 光纤尾纤 | — | 台 | 1 | |
| 10 | GPS 测试仪 | — | 台 | 1 | |
| 11 | 交流采样装置在线校验仪 | | 台 | 1 | |
| 12 | 多功能交流采样、电工 | — | 台 | 1 | |
| 13 | CT 型智能开关量信号源 | — | 台 | 1 | |
| 14 | 网络交换机测试仪 | | 台 | 1 | |
| 15 | 示波器 | — | 台 | 1 | 具有记忆功能 |

## （四）安全措施

| 序号 | 内容 |
|---|---|
| 1 | 按工作票检查一次设备运行情况和安全措施 |
| 2 | 按工作票检查被试设备的运行状况 |
| 3 | 进入工作现场时,必须正确穿戴和使用劳动保护用品 |
| 4 | 工作被许可后、工作开始前,工作负责人必须向工作成员详细说明工作内容、范围与危险点 |
| 5 | 现场应布置明显的告警标志,以防误操作 |
| 6 | 试验过程应注意的事项:<br>(1)试验前应做好危险点分析和安全保证措施;<br>(2)听从工作负责人安排,工作成员之间相互监督,工作负责人应在工作现场进行维护;<br>(3)测试中发现异常问题,必须立即停止定检,待查明原因后再视情况决定接下来的工作 |

## （五）风险分析及预控措施

| 工作内容 | 潜在风险 | 防范措施 |
|---|---|---|
| 测试前的准备工作 | (1)未采取相应措施,造成定检工作时产生大量无效信息上送各级调度,干扰和扰乱调度/集控电能管理系统(EMS)运行维护人员的监视与判断;<br>(2)屏内运行和非运行设备隔离措施不全,造成定检时误碰其他运行设备、人员触电、设备故障或误动;<br>(3)屏内运行和非运行设备出口压板的检查工作不到位,造成定检时误跳运行设备开关;<br>(4)监控主机上,定检设备与运行设备的挂牌不对应,造成定检时误跳开关;<br>(5)被检测控装置遥控回路未见明显断开点 | (1)与相关各级调度部门联系,把停运设备相关信息全部屏蔽;<br>(2)定检设备和运行设备必须用明显的标识隔开;<br>(3)在现场认真核对相关设备的运行状况、图纸及资料的准确性,在相关压板退出后,在屏内逐个进行压板一致性对应检查,把不能退出运行的压板进行检修挂牌;<br>(4)监控主机上,只对停运设备进行检修挂牌;<br>(5)确认遥控回路已有明显断开点(遥控出口压板已打开、远方/就地转换开关在就地位置) |

| 工作内容 | 潜在风险 | 防范措施 |
|---|---|---|
| 站控层设备测试 | （1）监控双机/双网同时退出运行,导致后台监控系统失效;<br>（2）远动双机同时退出运行,导致各级调度通信中断;<br>（3）定检过程中,系统软件被破坏,不能正确运行、死机或功能失效;<br>（4）测试过程中监控双机/双网/远动双机的单台设备出现故障,未进行故障处理,继续进行另一台设备的测试工作 | （1）检测双机/双网系统时必须单台/单网进行,并保证一台设备做测试时,另一台设备正常工作;<br>（2）检测远动双机时必须单台进行,并保证一台设备做测试时,另一台设备正常工作;<br>（3）测试工作前,做好系统软件及数据库的备份工作,保证备份的正确性、完整性;<br>（4）测试过程中监控双机/双网/远动双机的单台设备出现故障,必须在故障处理完成且通过测试后,才能进行另一台设备的测试工作 |
| 间隔层设备测试 | （1）电流互感器（CT）开路、电压互感器（PT）短路或接地;<br>（2）在交直流回路上工作的潜在风险:<br>①对交直流回路操作不当引起短路;<br>②装置交直流回路与其他回路的不正确连接造成装置损坏;<br>（3）在测控装置上工作的潜在风险:<br>①误碰遥测端子造成 CT 开路、PT 短路或接地;<br>②误碰遥控端子造成开关跳闸;<br>③误接遥信回路造成信号误发或拒发;<br>④误控开关造成电网事故;<br>⑤带电拔插测控插件造成装置损坏;<br>⑥误改同期定值、通信地址、信息设置参数;<br>（4）在被测控装置上进行定检工作,影响到与其存在逻辑闭锁关系的其他设备,造成其他设备逻辑闭锁失效或出错 | （1）短路 CT 二次绕组时,必须使用专用短接片或短接线,严禁用导线缠绕;在 PT 回路上工作时,应使用绝缘手套和绝缘工具;<br>（2）在交直流回路工作时应有监护人;在线检查交直流回路时,严禁直接使用万用表的蜂鸣挡测量;退出二次接线时,应将前一级熔断器退出或逐相退出二次接线并用绝缘胶布密封外漏的导体部分,符合条件后再操作;<br>（3）在测控装置上工作潜在风险的预控措施:<br>①按安全技术措施记录表要求做好隔离措施;<br>②在端子上接、解线前,先核对图纸;<br>③在端子上接、解线时,工作与监护人员应细心、精神集中;<br>④定检设备和运行设备要有明显的标志隔开;<br>⑤插拔插件时必须断开装置电源,并防止手带静电插拔;<br>⑥测试前做好参数记录,测试完成应重新核对参数; |

| 工作内容 | 潜在风险 | 防范措施 |
|---|---|---|
| 间隔层设备测试 | | （4）分析所做工作是否对其他设备运行造成影响并采取相应防范措施。在间隔测控装置进行定检工作时,严禁对和被检设备存在逻辑闭锁关系的装置进行遥控操作 |
| 变送器在线测试 | （1）隔离不当造成 CT 开路或 PT 短路;<br>（2）变送器交流电源短路 | （1）短路 CT 二次绕组时,必须使用专用短接片或短接线,严禁用导线缠绕;在 PT 回路上工作时,应使用绝缘手套和绝缘工具;<br>（2）工作前端考虑相关交流电源 |
| RTU 测试 | （1）CT 开路、PT 短路或接地;<br>（2）在交直流回路上工作的潜在风险;<br>①对交直流回路操作不当造成短路;<br>②装置交直流回路与其他回路的不正确连接造成装置损坏;<br>③触电事故;<br>（3）测试过程中,系统软件被破坏,不能正确运行、死机或某功能失效;<br>（4）造成总调、中调和地调通道中断或数据发送错误 | （1）短路 CT 二次绕组时,必须使用专用短接片或短接线,严禁用导线缠绕;在 PT 回路上工作时,应使用绝缘手套和工具;<br>（2）在交直流回路工作应有监护人;先用万用表检查,符合条件后再进行相关测试;在线检查遥控、遥信回路时,严禁直接使用万用表的蜂鸣挡测量;将遥控对象的控制方式切换至手动方式;退出二次接线时,用绝缘胶布密封外露的导体部分;<br>（3）测试工作前,做好系统软件及数据库的备份工作,保证备份的正确性与完整性;<br>（4）测试前后均应通过电话询问三方调度自动化人员,确保测试结束后不会出现任何异常 |
| GPS 系统测试 | 测试完毕后,漏、错接线引起错误对接 | 复查临时接线是否全部拆除,拆下的线头是否全部接好,图纸是否与实际接线相符,标志是否正确、完备 |

## 三、变电所综合自动化系统定检作业

### (一)预备定检

| 序号 | 内容 | 到位人签字 |
|---|---|---|
| 1 | 工作负责人会同工作许可人检查工作票上所列安全措施是否正确、完备,经现场核查无误后,与工作许可人办理工作票许可手续 | |
| 2 | 工作前,工作负责人检查所有工作人员是否正确使用劳保用品,并由工作负责人带领进入作业现场,在工作现场向所有工作人员详细交代作业任务、安全措施和注意事项、设备状态及人员分工,全体工作人员应明确作业范围、进度要求等内容,并在到位人签字栏分别签名 | |
| 3 | 根据"二次设备及回路工作安全技术措施"的要求,完成安全技术措施并逐项打上已执行的标记,在做好安全措施工作后,方可预备定检 | |

### (二)定检流程

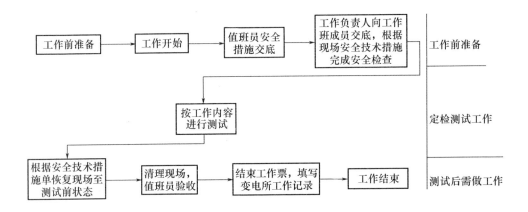

### (三)定检内容及要求

按系统设备类型列出定检项目后,每次定检工作的具体内容、检验方法与注意事项应根据变电所综合自动化系统定检作业项目所列设备情况及相关内容进行选取定检。

**1.站控层设备**

（1）主机/操作员站。

| 序号 | 检查项目 | 检查内容与方法 | 注意事项 | 检查结果 |
|---|---|---|---|---|
| 1 | 工作电源的检查 | | | |
| 2 | 所用计算机及其外围设备的工作正确性与可靠性检查 | | | |
| 3 | 检查抗干扰措施的实施情况 | | | |
| 4 | 监控软件版本号的检查与核对 | | | |
| 5 | 站控层与间隔层设备通信状态检查 | | | |
| 6 | 查看遥测、遥信信息的正确性,并结合间隔层设备定检完成部分遥测、遥信与遥控信息检验 | | | |
| 7 | 后台系统实时监控程序各种功能(遥控操作、权限设置、信号复归等)的正确性及完备性的检查 | | | |
| 8 | 监控系统其他子系统(如报表与趋势分析等)的正确性及完备性检查 | | | |
| 9 | 检查监控系统各种告警功能(包括音响告警与画面告警) | | | |
| 10 | 对监控系统的系统备份和数据备份检查 | | | |
| 11 | 查看中央处理器(CPU)负荷率、硬盘可用容量与各种进程运行状态 | | | |
| 12 | 图形、调度编号与现场一致性检查 | | | |
| 13 | 双机切换功能检查 | | | |

（2）五防机（一体化配置）。

| 序号 | 检查项目 | 检查内容与方法 | 注意事项 | 检查结果 |
|---|---|---|---|---|
| 1 | 工作电源的检查 | | | |
| 2 | 所用计算机及其外围设备的工作正确性与可靠性检查 | | | |
| 3 | 检查抗干扰措施的实施情况 | | | |
| 4 | "五防"软件的版本号检查及核对 | | | |
| 5 | 查看"五防"功能的运行状态；检查"五防"功能权限设置的正确性与完备性；检查"五防"逻辑的完整性与正确性 | | | |

（3）运动维护。

| 序号 | 检查项目 | 检查内容与方法 | 注意事项 | 检查结果 |
|---|---|---|---|---|
| 1 | 工作电源检查 | | | |
| 2 | 检查装置接地及通道防雷 | | | |
| 3 | 远动微机通信规约版本号的检查 | | | |
| 4 | 远动微机维护软件的程序版本号及应用功能检查 | | | |
| 5 | 装置告警、工作指示灯检查 | | | |
| 6 | 远动机至各级调度通信状况检查 | | | |
| 7 | 双机切换功能检查,远动机重启检查 | | | |
| 8 | 看门狗软件检查 | | | |

（4）保护信息子站。

| 序号 | 检查项目 | 检查内容与方法 | 注意事项 | 检查结果 |
|---|---|---|---|---|
| 1 | 工作电源检查 | | | |
| 2 | 检查装置接地及通道防雷 | | | |
| 3 | 软件版本号检查 | | | |

| 序号 | 检验项目 | 检验内容与方法 | 注意事项 | 检验结果 |
|---|---|---|---|---|
| 4 | 与调度自动化系统通信规约版本号检查 | | | |
| 5 | 装置告警、工作指示灯检查 | | | |
| 6 | 保护子站与保护管理机、保护装置、录波装置等通信状态检查 | | | |
| 7 | 保护子站与各级调度通信状况检查 | | | |
| 8 | 保护子站功能检查 | | | |
| 9 | 双机切换功能检查 | | | |

（5）网络交换机。

| 序号 | 检查项目 | 检查内容与方法 | 注意事项 | 检查结果 |
|---|---|---|---|---|
| 1 | 工作电压检查 | | | |
| 2 | 抗干扰措施检查 | | | |
| 3 | 装置告警、工作指示灯检查 | | | |
| 4 | 网络流量测试 | | | |
| 5 | 网络交换机吞吐量测试 | | | |
| 6 | 网络交换机传输延时测试 | | | |
| 7 | 网络交换机丢包率测试 | | | |
| 8 | 网络交换机 MAC 地址（媒体存取控制位址）缓存量测试 | | | |
| 9 | 网络交换机网络风暴抑制功能 | | | |

## 2. 间隔层设备

（1）测试装置。

| 序号 | 检查项目 | 检查内容与方法 | 注意事项 | 检查结果 |
|---|---|---|---|---|
| 1 | 测控回路绝缘测试,CT 回路接地检查 | | | |
| 2 | 工作电源检查 | | | |
| 3 | 装置抗干扰措施检查 | | | |

| 序号 | 检查项目 | 检查内容与方法 | 注意事项 | 检查结果 |
|---|---|---|---|---|
| 4 | 程序版本号检查 | | | |
| 5 | 遥测、遥信准确性检查(对后台、各级调度及现场的信息核对),测控装置定值核对 | | | |
| 6 | 密码检查,各逻辑回路(手合、同期)功能检查,对于配置一体化"五防"功能综合自动化系统应检查其测控装置的间隔层闭锁功能 | | | |
| 7 | 装置地址检查 | | | |
| 8 | 测控装置双网切换功能检查 | | | |
| 9 | 检查装置面板指示的各种告警信号 | | | |
| 10 | 检查遥控操作、遥信变位记录的准确性 | | | |
| 11 | 测控装置接点防抖动时间检查 | | | |
| 12 | 装置正确性检查 | | | |
| 13 | 测控装置出口压板一致性检查 | | | |
| 14 | 测控装置开关的标示以及接线端子紧固性检查 | | | |
| 15 | 遥控回路正确行检查 | | | |

(2)前置机。

| 序号 | 检查项目 | 检查内容与方法 | 注意事项 | 检查结果 |
|---|---|---|---|---|
| 1 | 工作电源检查 | | | |
| 2 | 抗干扰措施检查 | | | |
| 3 | 前置机软件版本号检查 | | | |
| 4 | 前置机通信功能检查 | | | |
| 5 | 装置告警、工作指示灯检查 | | | |
| 6 | 前置看门狗软件检查(测试、投退记录) | | | |
| 7 | 双机切换功能检查 | | | |

（3）网关。

| 序号 | 检查项目 | 检查内容与方法 | 注意事项 | 检查结果 |
|---|---|---|---|---|
| 1 | 工作电源检查 | | | |
| 2 | 抗干扰措施检查 | | | |
| 3 | 网关通信功能检查 | | | |
| 4 | 装置工作指示灯检查 | | | |

（4）规约转换器。

| 序号 | 检查项目 | 检查内容与方法 | 注意事项 | 检查结果 |
|---|---|---|---|---|
| 1 | 工作电源检查 | | | |
| 2 | 检查装置接地及通道防雷 | | | |
| 3 | 软件版本号检查 | | | |
| 4 | 装置告警、工作指示灯检查 | | | |
| 5 | 各个通信口、各个装置的通信状态检查 | | | |
| 6 | 功能检查 | | | |

### 3. 远程终端控制单元（RTU）设备

| 序号 | 检查项目 | 检查内容与方法 | 注意事项 | 检查结果 |
|---|---|---|---|---|
| 1 | 工作电源检查 | | | |
| 2 | 通道防雷检查 | | | |
| 3 | RTU 软件版本号检查 | | | |
| 4 | RTU 错误信息检查 | | | |
| 5 | RTU 周边元件通信状态检查 | | | |
| 6 | 遥信、遥测回路正确性检查 | | | |
| 7 | RTU 装置及各功能插件运行指示灯检查 | | | |
| 8 | RTU 至各级调度通信正确性检查 | | | |
| 9 | 与调度自动化系统对时功能检查 | | | |
| 10 | 与各级调度自动化系统远动信息检查 | | | |
| 11 | 双机切换检查 | | | |

### 4. 变送器

| 序号 | 检查项目 | 检查内容与方法 | 注意事项 | 检查结果 |
|---|---|---|---|---|
| 1 | 工作电源检查 | | | |
| 2 | 变送器在线测试 | | | |

### 5. GPS 系统

（1）GPS 主时钟。

| 序号 | 检查项目 | 检查内容与方法 | 注意事项 | 检查结果 |
|---|---|---|---|---|
| 1 | 工作电源检查 | | | |
| 2 | 面板检查 | | | |
| 3 | 告警输出检查 | | | |
| 4 | 主时钟精度测试 | | | |
| 5 | 主时钟守时稳定度测试 | | | |

（2）GPS 扩展装置。

| 序号 | 检查项目 | 检查内容与方法 | 注意事项 | 检查结果 |
|---|---|---|---|---|
| 1 | 工作电源检查 | | | |
| 2 | 面板检查 | | | |
| 3 | 告警输出检查 | | | |
| 4 | 扩展装置精度测试 | | | |
| 5 | 扩展装置守时稳定度测试 | | | |

**6.定检结束工作**

（1）结束工作。

| 序号 | 内容 | 责任人 |
|---|---|---|
| 1 | 全部工作完成后,拆除所有试验接线(先拆开电源侧),按照《二次设备及回路工作安全技术措施单》恢复正常接线,检查装置各个开关的位置是否在完好状态,盖好测控装置的面板 | |
| 2 | 检查测控装置及所属二次回路端子排上接线的紧固情况 | |
| 3 | 全体工作班人员清扫、整理现场,清点工具及回收材料 | |
| 4 | 工作负责人周密检查施工现场是否有遗漏的工具与材料 | |
| 5 | 状态检查,严防遗漏项目 | |
| 6 | 工作负责人填写自动化系统运行日志,详细记录本次工作所检项目、发现的问题、定检设备参数核对情况,注明试验结果和存在的问题、可否投入运行等 | |
| 7 | 经值班员验收合格,并经双方签字后,办理工作结束手续 | |

（2）定检报告。

| 序号 | 内容 | 检查 | 责任人 |
|---|---|---|---|
| 1 | 将检查内容和测试数据计入定检记录表 | | |
| 2 | 存在问题和处理建议 | | |
| 3 | 检查班组验收及签字 | | |
| 4 | 部门技术负责人验收及签字 | | |

# 参 考 文 献

[1]陈庆红.变电运行[M].北京:中国电力出版社,2006.

[2]陈堂.配电系统及其自动化技术[M].北京:中国电力出版社,2003.

[3]陈歆技.电力系统智能变电站综合自动化实验教程[M].南京:东南大学出版社,2018.

[4]丁书文.变电站综合自动化系统实用技术问答[M].北京:中国电力出版社,2007.

[5]丁颖.变电设备及运行处理[M].北京:中国电力出版社,2007.

[6]天津市电力公司.变电运行现场操作技术[M].北京:中国电力出版社,2004.

[7]黄益庄.变电站综合自动化技术[M].北京:中国电力出版社,2000.

[8]江智伟.变电站自动化及其新技术[M].北京:中国电力出版社,2006.

[9]廖自强,余正海.变电运行事故分析及处理[M].北京:中国电力出版社,2004.

[10]刘伟,汤雨海.变电站综合自动化实用技术问答[M].北京:中国电力出版社,2007.

[11]路文梅.变电站综合自动化技术[M].2版.北京:中国电力出版社,2007.

[12]吕守国,陈培峰,姜建平.变电运行与变电维修[M].延吉:延边大学出版社,2018.

[13]上海超高压输变电公司.变电所自动化与监控[M].北京:中国电力出版社,2006.

[14]孙方汉.变电所运行调试及故障处理[M].沈阳:辽宁科学技术出版社,2002.

[15]田淑珍.变电站综合自动化与智能变电站应用技术[M].北京:机械工业出版社,2018.

[16]黑龙江省电力调度中心.变电所自动化实用技术及应用指南[M].北京:中国电力出版社,2004.

[17]王亚妮.变电所综合自动化技术[M].北京:中国铁道出版社,2008.

[18]王远璋.变电设备维护与检修作业指导书[M].北京:中国电力出版社,2005.

[19]王远璋.变电站综合自动化现场技术与运行维护[M].北京:中国电力出版社,2004.

[20]吴国良,张宪法.配电网自动化系统应用技术问答[M].北京:中国电力出版社,2005.

[21]武永红,陈刚,马敏. 变电所综合自动化技术[M]. 成都:西南交通大学出版社,2018.

[22]薛博文. 变电所综合自动化系统调试和维护[M]. 北京:北京邮电大学出版社,2014.

[23]杨新民. 电力系统综合自动化[M]. 北京:中国电力出版社,2002.

[24]于占统. 变电运行[M]. 北京:中国电力出版社,2004.

[25]詹红霞. 电力系统及自动化实验指导书[M]. 重庆:重庆大学出版社,2008.

[26]张惠刚. 变电站综合自动化原理与系统[M]. 北京:中国电力出版社,2004.

[27]张文海. 变电所综合自动化与电能管理系统[M]. 徐州:中国矿业大学出版社,2003.